おもしろサイエンス

地層の科学

西川有司［著］

B&Tブックス
日刊工業新聞社

はじめに

〝地層〟というと、どんなものをイメージするでしょうか？　一般的には砂利などの採石場にある、地面が垂直に削られた崖の表面に見える色や材質が違った幾層もの重なりでしょうか。ご存じようにこの地層は、海底や湖底などで石や砂や泥が幾百〜数千万年をかけて積み重なり、つくられたものです。ではどうやってできたのでしょう。

大地は地層と岩体から構成されています。あまりにも身近にあるため、私たちは大地のことをめったに考えませんが、どこにでもあり、いつでも見ることができます。まるで空気のような存在で、毎日の生活で気に留めることもありません。しかし、地層と岩体が山をつくり、地層が生活の場をつくっています。石とか砂、泥は地層の原料で、気温の変化や雨や風で岩が脆くなり、削られ、細かく砕かれ、水や風で運搬されて、海底などに貯まり地層をつくり、累積し、その厚さは1万メートル以上にも達するほどで、やがて造山運動で地表に地層が上昇して露出します。

一方、大洋の海底でもプレートがマントルから湧きだし、火山が噴火し、地層をつくり、プレートに載り、海溝に向かって数千キロを移動しながら地層は積み重なります。さらに、海溝でプレートは沈み込み、その一部が剥され大陸の縁にくっつき、一部はマグマになります。すでに形成されていた地層は押し上げられ火山活動が起こり、山をつくり、それが再び風化、削剥され、運搬されて地層の原料になります。海溝に沈み込んでいったプレートの一部はマントルとなり再び地球内部を対流し、大洋底で湧きだします。このような繰り返しで、地層は形成、消滅し、再生します。「循環」です。この「地層循環」がプレートテクトニクスによってなされ、大陸も山も海底も常に変化しながら「地層循環」のなかで動いています。しかし、1億年に1回の循環（サイクル）というスピードなので、1年に1センチメートルというようなオーダーで、人類にはその動きは感じられません。

しかし、このような循環のなかで地層は動き、また私たちの生活を支える石油や鉄資源をつくってきました。私たちが見ている地層は数千年、数万年、数百万年前……という様々な時代に形成されたもので、地層には地球の動きと歴史が刻まれています。地球史の中では瞬間ともいえる人類の営みも記録されています。しかし、まだまだ地球についてはわからないことだらけです。

地層に関する本は、少なくありません。地層の基本に関する本や、層序学、堆積学や堆積構造学という専門的な内容の本も出版されています。しかし、地層を体系的に概括するような本はありません。本書は地層とは何か、どこにどのようにつくられるのか、地球の活動とどのように関係するのか、など基礎的な内容をはじめとし、マグマとの関係、火山噴火、地下資源、自然災害などとの関係と地層との結びつきを網羅し、大地の中の地層の位置付けやプレートテクトニクスにおける地層の動きに言及し、多面的、大局的な視点をもって〝生きている地層〟を描きました。

46億年という気の遠くなるような地球の歴史の中で、地球の動きとともに地層がつくられ、消え、再生されるという循環のシステムを通して大地がうまれ、私たちの生活の土台となっています。

本書を通して、身近に地層を感じ、関心をもっていただければ筆者の望外の喜びです。

日刊工業新聞社藤井浩氏には執筆の機会と執筆編集のご指導をいただき、深く感謝を申し上げます。

２０１５年３月

西川有司

目次

おもしろサイエンス
地層の科学

第1章 地層ってなんだろう?

第2章 地層の種類と、それができるまで

第3章 地層から何がわかるのか?

第4章 生きている地層

第5章 自然災害と地層の関係とは?

第6章 地層と地下資源

第7章 地層と私たちの生活

Column

貫入（かんにゅう）：すでに存在している地層に割れ目・すき間があると、その中にマグマが入り込んでマグマは温度が冷えながら固まります。この入り込むことを貫入といいます。マグマは液体であり、このように入り込みますが、力を加えて変形させたとき塑性の性質を持つ岩塩のような岩石（固体）も永久変形を生じ地層中の割れ目などに貫入します。

級化構造（きゅうかこうぞう）：一つの地層（単層）の断面で，底から上に向かって砕屑物の粒子の粒径が粗粒から細粒へと連続的に変化する現象のことです。級化構造は．地層が褶曲している場合、地層の上下の判定の決め手になります。

懸濁（けんだく）：液体中に個体の微粒子が溶けずに混ざった状態のことで、泥や砂などが水にかき混ざり濁った泥水状態のことです。混濁（こんだく）ともいいます。懸濁流は泥水状態の流れです。

砕屑（さいせつ）：細かく砕けて砕片になることです。岩石（石）や砂粒が砕け、さらに細かい粒子になることを砕屑といい、砕かれたものを砕屑物といいます。砂と粘土の違いは粒径です。

褶曲（しゅうきょく）：地層に側方から大きな力が加えられたとき、地層が曲がり変形します。この曲がった変形を褶曲といいます。

胚胎（はいたい）：生ずることを意味しますが、地層中に資源が存在することを「胚胎している」といいます。資源が形成する、あるいは形成している、という意味です。

付加体（ふかたい）：海洋プレートが海溝で大陸プレートの下に沈み込む際に、海洋プレートの上の地層がはぎ取られて、陸側にくっ付きます。このはぎ取られたまとまった地層（付加したもの）を付加体といいます。日本列島は主としてこのような付加体からなるとされています。

累重（るいじゅう）：地層は基本的に万有引力の法則に従って、下から上に向かって堆積する層ですが、地層が積み重なることを累重といいます。

礫（れき）：岩石（石）の破片や粒の直径が2mm以上の砕屑物（粒子～塊）のことで、砂粒よりも大きいものを礫といいます。

第1章

地層ってなんだろう？

1 砂、泥、土が層になれば地層なのだ

砂も泥も水の流れの影響を受けないところにたどり着けば堆積します。石も同じです。堆積する場所が湖や海のように広く、また堆積する砂や泥がたくさん運ばれてくれれば、水平的にこれらは広がって層になり「地層」となります。時間的に同じときに連続して堆積していけば地層は厚くなります。陸上ではこれらの作用が水だけでなく風によってもおこり、溜まって堆積していけば地層ができます。また、火山の噴火が起これば噴出物が陸上でも海底でも火山灰、溶岩、火砕流として堆積し地層をつくります。そして地層の端は細くなって薄くなっていきます。同じ環境が続いていけば連続して堆積しますから地層は累積していきます。

数千年〜数万年のオーダー、あるいはそれ以上の時間のなかで陸地の隆起や沈降によって、海底が陸上となれば、堆積が途切れ不連続となります。海底で堆積した地層は削られ、その上に新たな堆積物が溜まり、たえず地層をつくる運動が繰り返されます。地層は連続した環境によって累重（るいじゅう）した全体も地層と呼び、その地層を構成している均一の物質からなる数センチの厚さの地層も地層といい「単層」と呼びます。地層の基本単位です。前者では地域の名前などを地層の名前につけ「関東ローム層」といい、後者では地層を構成している物質が砂か泥かを区別し、石になっていなければ「砂層」で、石なっていれば「砂岩層」といいます。

砂、泥、土と地層の関係

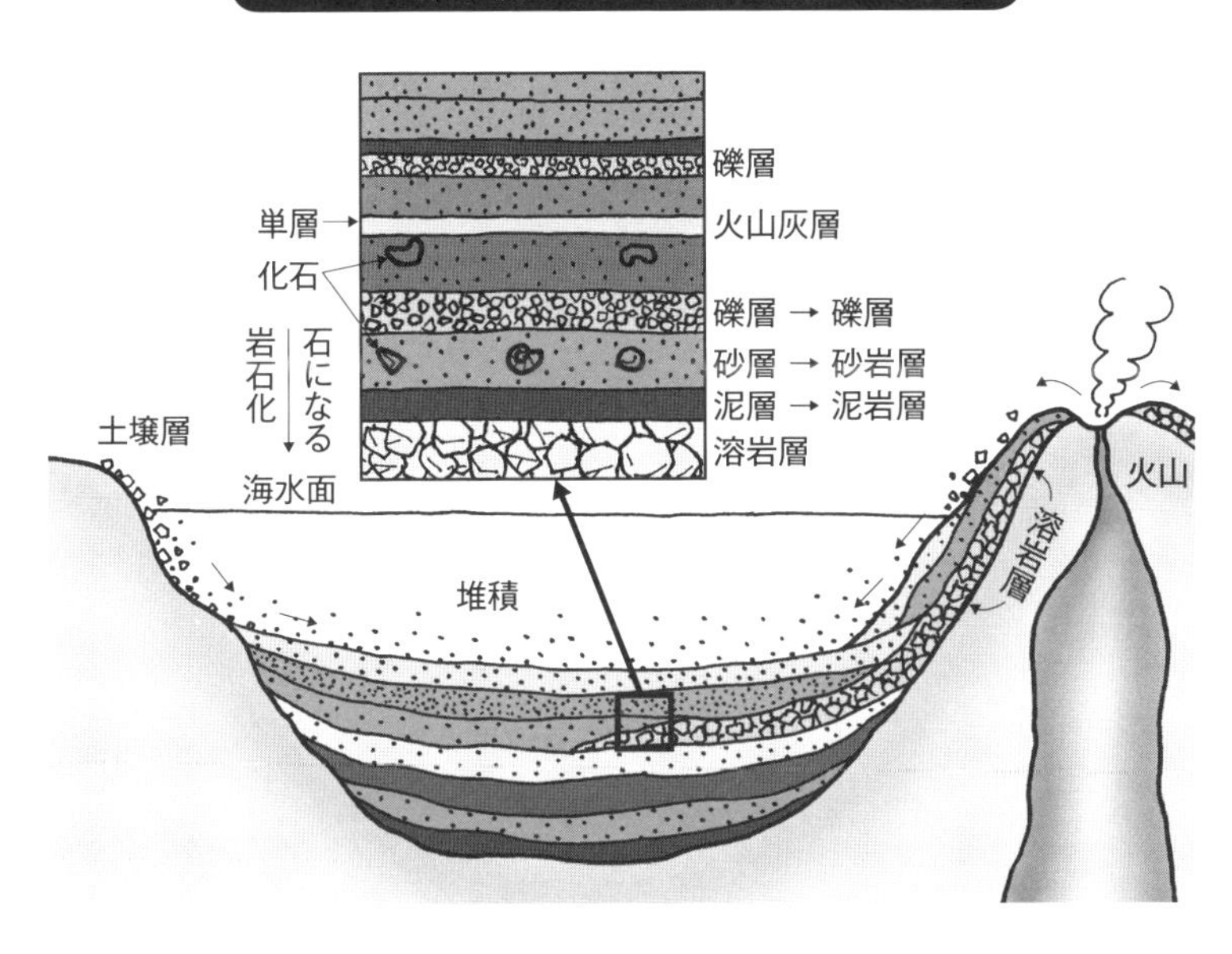

地層には運ばれてきた生物の遺骸や海底を住処としていた生物が堆積物に含まれ、化石となれば堆積物が地層として堆積した時代がわかります。

地層は砂、泥、石から構成されますが、これらは水や風の作用で運ばれ、重力の作用で堆積します。重いものは最初に沈積し、軽いものは時間をかけながら堆積します。地層は板のように平らに広がっていますが、堆積する場所の地形を反映し、必ずしも単純な形ではありません。地層が堆積していき累重していけば長い時間とともに地層は石になって「砂岩層」「泥岩層」を形成します。火口から地上や海底に噴き出てきた溶岩は、最初から石なので、石の層として溶岩層を成しています。

また石が化学的作用で溶け、含まれている塩分が川の水とともに湖に流入し、湖の塩分濃度が濃くなり、飽和状態になれば塩が結晶化し、塩の層が形成され、やがて岩塩層になります。

2 地層をつくる泥、砂、土、石にはどんな違いがあるのだろう?

泥、砂、土、石は身の回りにいくらでもありま す。しかし、気に留めることはなく、それぞれ「どんな違いがあるのか」といわれても返答に困るでしょう。実は泥も砂も石が細かく砕かれたもので、粒の大きさによって区別しています。

土は土壌ともいいます。私たちが住む大地の表面を覆い動植物の遺骸が泥に混ざった表土です。

石は硬く、泥や砂が固まった岩石や地下のマグマが固まってできた花崗岩、火山の噴出などの火山岩が砕かれたものを石といいます。砂粒のように細かく砕かれる前です。河原にいけばいくらでも石があり、近くの公園にも石と砂が敷き詰められたり、花壇の周りにも石が配置されたりしています。

石は岩石からなる岩盤の一部が壊れ、あるいは火山の噴出物としてでも、川の水に流されながら移動し、さらに砂や泥に砕かれ、下流へと運ばれていきます。石も砂も泥も流されながらいったん河岸などに堆積し、また再び上流から流れてきた石、砂、泥とともに水に流され、堆積する、ということを繰り返しています。

石は重く水流が強くなければ移動できません。砂も泥も水に混ざり懸濁(けんだく)され、砂は石よりも軽く遠くへ運ばれ、泥は砂より軽くさらに遠くへ運ばれていき、やがて海に流れて堆積します。

海岸では、場所や地域によって石ころの浜、砂の浜、泥の浜が見られます。海岸に運ばれて重力の作

岩石と石、砂、泥、土の関係

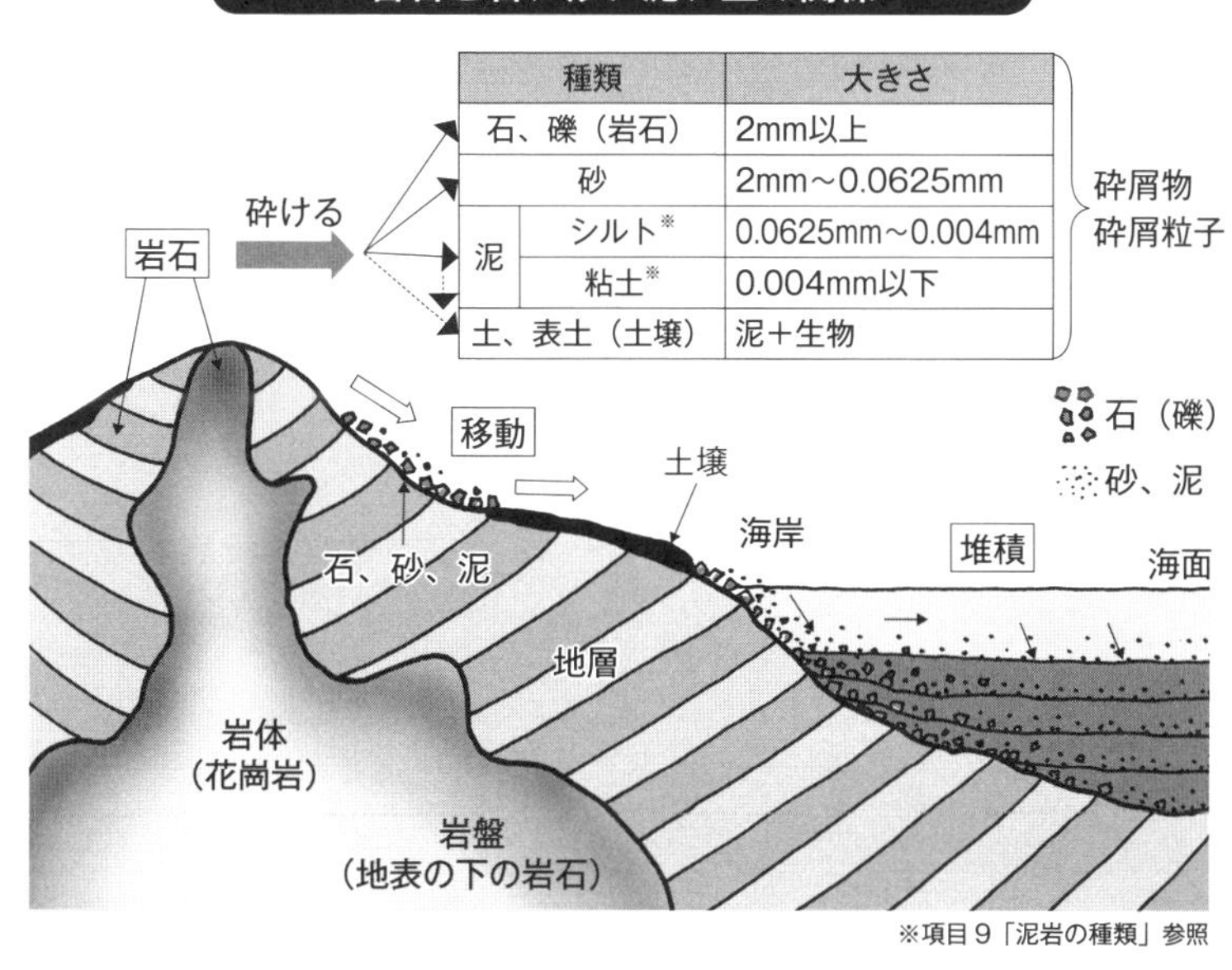

種類		大きさ
石、礫（岩石）		2mm以上
砂		2mm～0.0625mm
泥	シルト※	0.0625mm～0.004mm
	粘土※	0.004mm以下
土、表土（土壌）		泥＋生物

※項目9「泥岩の種類」参照

用でふるい分けられ、海岸に集まって堆積します。

　このような砂や泥や石を砕屑（さいせつ）物とか砕屑粒子といいますが、水に対する抵抗力に関係し、抵抗力が弱いほど細かく機械的に砕かれていきます。また水の働きだけではなく風によっても運ばれていきます。石によっては水に溶かされて流されていくものもあります。金のような重い粒（水の19・3倍の重さ）は遠くに運ばれず川の上流～中流で川底に堆積し砂金鉱床をつくります。ダイヤモンドのように水に強く非常に硬い鉱物は砕かれることもなく水に溶けることもなく水に運ばれて堆積します。石英も水に強く砂粒として海岸に堆積すれば石英粒からなる〝白浜〟となります。

　砂も泥も石も大きさで分類ます。石は礫（れき）といいます。直径が2ミリメートル以上を礫、2ミリメートルから0・0625ミリメートルを砂、0・0625ミリメートル以下を泥に区分します。

3 いったい地層ってなんだろう？
——空間的、時間的に地層の意味は広い

地層は身近に見られます。山に行けば山が削り取られた所で（切り割り、切り通し）、地層の累重した姿が見られます。また川岸でも水に削られた所で地層が露出しています。海岸に行けば波に洗われ削られて地層が表れています。これらは大地の一部です。東京でも地下鉄の工事やビルの建設工事現場の地面が掘られた所では地層を見ることができます。

地球の表面から6～60キロメートルの深さぐらいを地殻といい、大地をつくります。地殻の主体はマグマから形成された花崗岩のような岩体で、地層とともに地殻の主要構成物で、46億年の地球の歴史を通してつくられてきています。地殻の活動で地層も曲がったり断層で切断されたりしています。

水平的には地層は単層レベルで数キロメートル連続することも普通です。累重した地層は数十キロ、数百キロメートル以上にわたり空間的に連続します。時間的にも単層レベルでは数年～数千年ほどの期間がかかりますが、累重した地層は形成までに数万年～数十万年以上にわたる時間がかかります。しかし、火山の爆発で出る火山灰や噴出物は1日でも数十センチメートルも堆積し、地層になります。

植物破片が湖に流入したり、森が湖に沈み、湖底に堆積し、地層が重なっていけば植物は化石化して石炭層となります。石油層もメタンハイドレート層も生物化石が関係し、地層としてみなされます。地層は様々な姿があり、広い意味に使われています。

地殻、地層、地層の露出

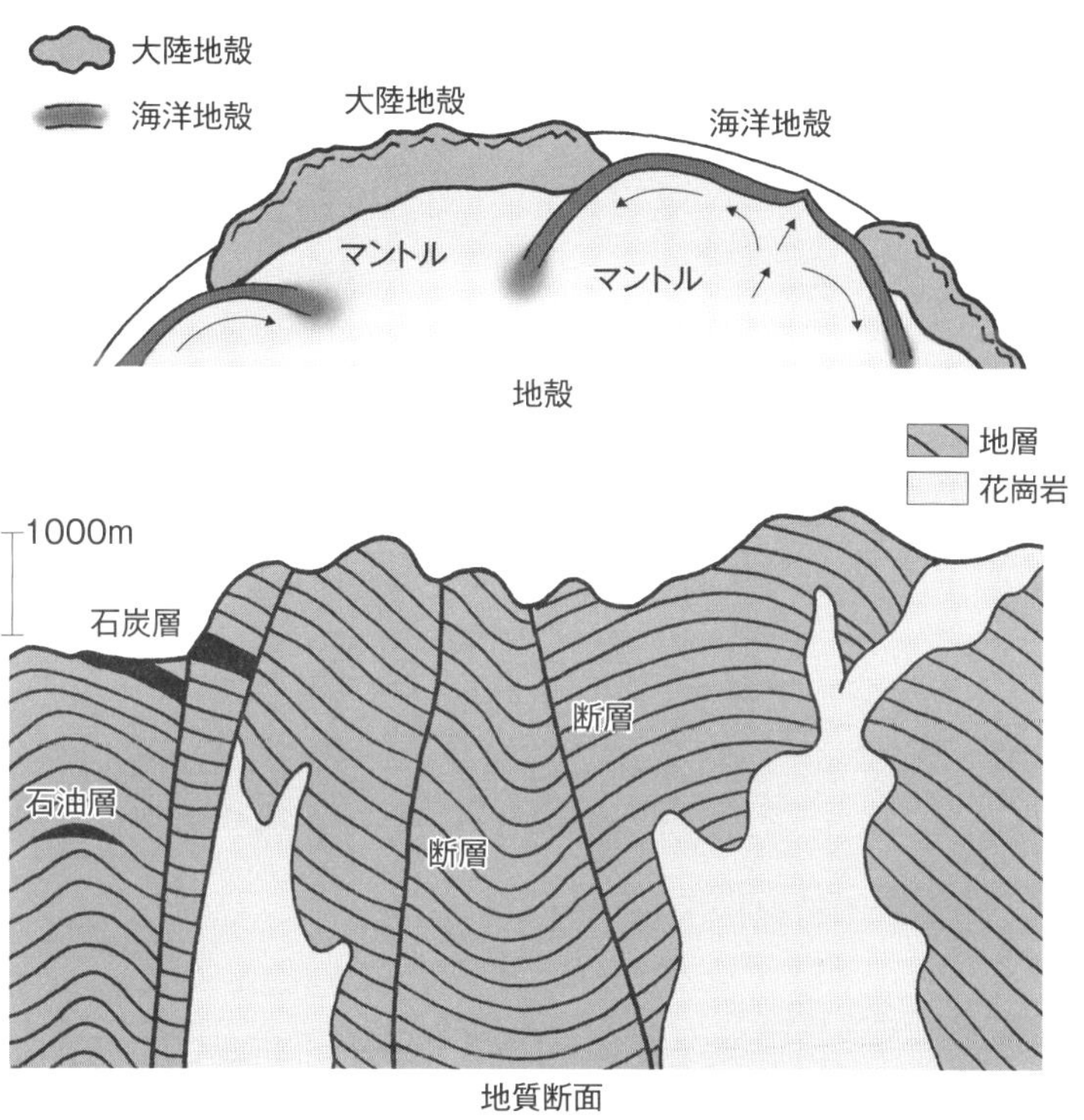

地層の露出（露頭）、切割

4 風化・削剥(さくはく)ってなんだろう?——どこで地層になるのか

砂、泥、土、石は鉱物が集まったものです。鉱物は元素周期律表に載っている118種類の元素の組み合わせからなり、結晶です。火山から噴出したものには結晶していないガラスも含まれます。

例えば塩はNaClでナトリウムと塩素が化合した鉱物です。石英はSiO_2でケイ素のSiと酸素が化合してできた鉱物です。方解石（ほうかいせき）はカルシウムと炭酸が化合したもので化学式は$CaCO_3$で、石灰岩や大理石の構成鉱物です。

岩盤は雨や気候や温度変化による膨張・収縮や凍結によって脆くなり、割れやすくなります。これを風化作用といいます。これにより破壊された岩盤は雨や川や風で削り取られます。これを削剥（さくはく）といいます。岩盤から〝削られて離れる〟ことです。砂、泥、土、石として運ばれていきますが、これらはいずれも鉱物の集合です。砂も泥も同じようなところで削剥されれば同じような鉱物から構成されています。石は礫ともいい岩石のことです。

このような物理的な風化、削剥作用が進んでいけば山が浸食されて渓谷ができ、さらに山自体も平坦な地形になっていきます。しかし、山が削られ平坦になるまで数百万年以上の年月がかかります。

また、岩盤の岩石を構成する鉱物によっては水に弱く、溶けたり、泥のなかでも一番細かい粒子の粘土になります。これを化学的な風化といいます。例えば方解石からできている石灰岩は凸凹に溶け、カ

風化・削剥

岩盤 —砕かれる→ 石（礫）、砂、泥
・石を砕けば砂と泥
・砂と泥は鉱物の集合
・鉱物は元素118種の給合せによる化合物

石英 SiO_2 → $Si + O_2$
方解石 $CaCO_3$ → $Ca + CO_3$

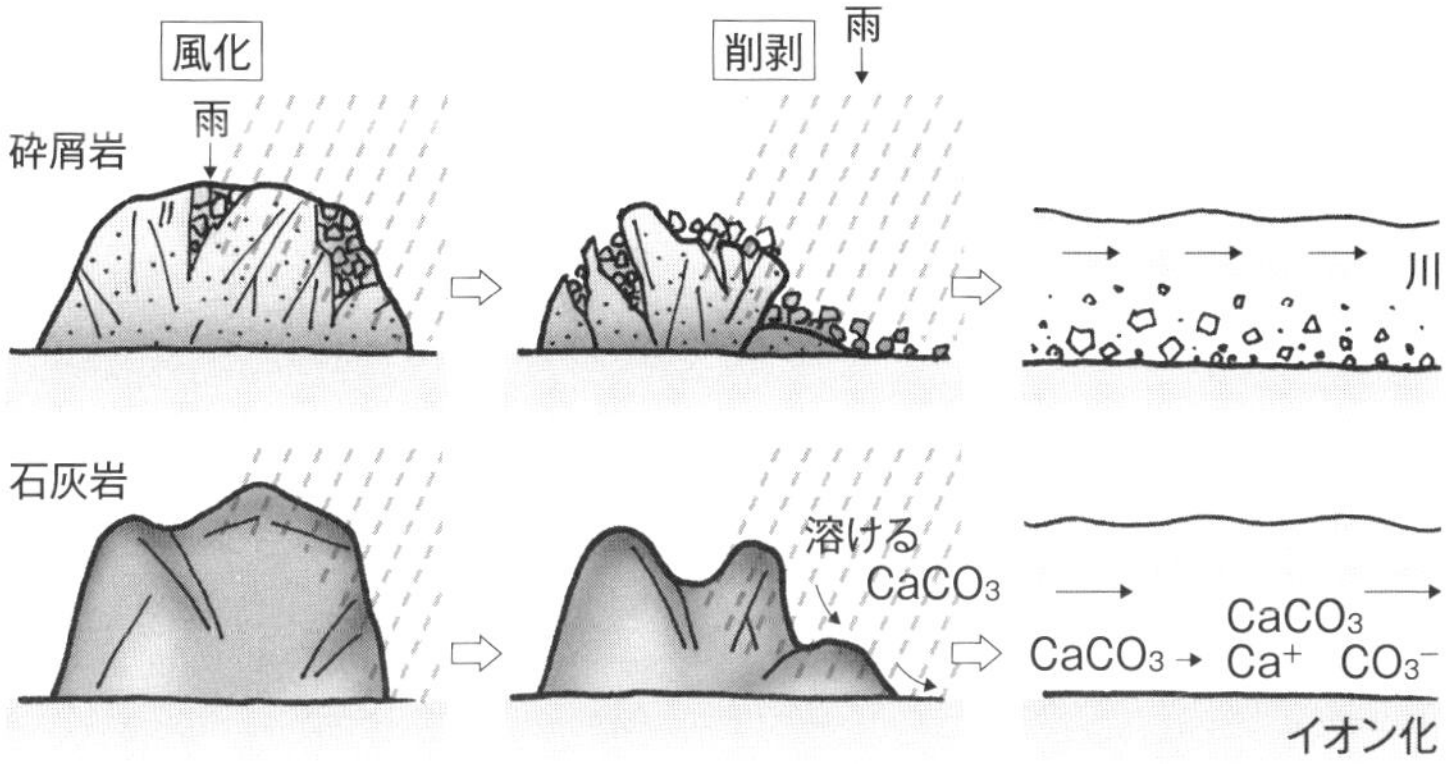

ルストという尖塔上の地形をつくり、地下では地表からの雨水が浸透し石灰岩を溶解させて鍾乳洞をつくります。また花崗岩も構成鉱物のカルシウムやアルミニウムをふくむ長石は化学的な風化を受けやすく粘土化し、粘土鉱物に変化していきます。これらは水に溶けながら川によって運ばれていきます。

川によって風化・削剥された砂、泥、石、粘土鉱物は、川が蛇行して流れの速度が緩くなるところ、河原、河口、海岸などに堆積し、さらにその上に堆積物に覆われていけば地層になっていきます。また、溶解したカルシウムは沈殿します。

火山噴出物の場合は、繰り返し噴出していけば地層が厚くなっていきます。海底でも海水に溶けたイオン化した元素が他のイオンと化合して海底に沈殿したり、粘土鉱物が海底に沈殿したり、海底火山の噴出物が堆積し、地層になっていきます。

5 水の働きと地層ができる仕組みの関係は密接だ

水は岩盤を砕き、地層をつくる砂、泥、石などを運び、水の流れの速さや方向によって、堆積する場所を規定していきます。また、水の流れによって粒の大きさをそろえるようなふるい分けをしながら流されていきます。川の傾斜、蛇行、水の速度、水量、流向、洪水の発生などで運ばれる量も時間も距離も大きく変わります。

川に流されながら砂はさらに細かく砕かれ砂の角は削られ丸みを帯びます。泥も同じで、極細かい泥になっていきます。石も上流から下流へと細かく砕かれ砂や泥になり、丸みを帯びた小さな石になっていきます。水の作用によって砂や泥や石が大きさを変え形を変えて流れていきます。大洪水が起こらない限り、ほとんどの石は河口まで到達しませんが、砂や泥の多くは海に達して海底に堆積し、地層となっていきます。

海底ではこれらの堆積物は海水の流れに従い、海岸に打ち寄せ、沿岸流で運ばれ、海底の底を流れる底層流で移動し、沖合に移動するなど、地層を形成するまでに時間がかかります。

また、水の化学的風化で岩盤が溶解し、カルシウムやマグネシウムなども水に溶けながら川とともに海に流入し、海水の表層流、対流などの流れのなかで他のイオン化した元素や粘土鉱物と条件次第で化合してサンゴ礁をつくる物質や砕屑粒子間を埋める物質などになっていきます。粘土鉱物などのように

水の働きと地層との関係

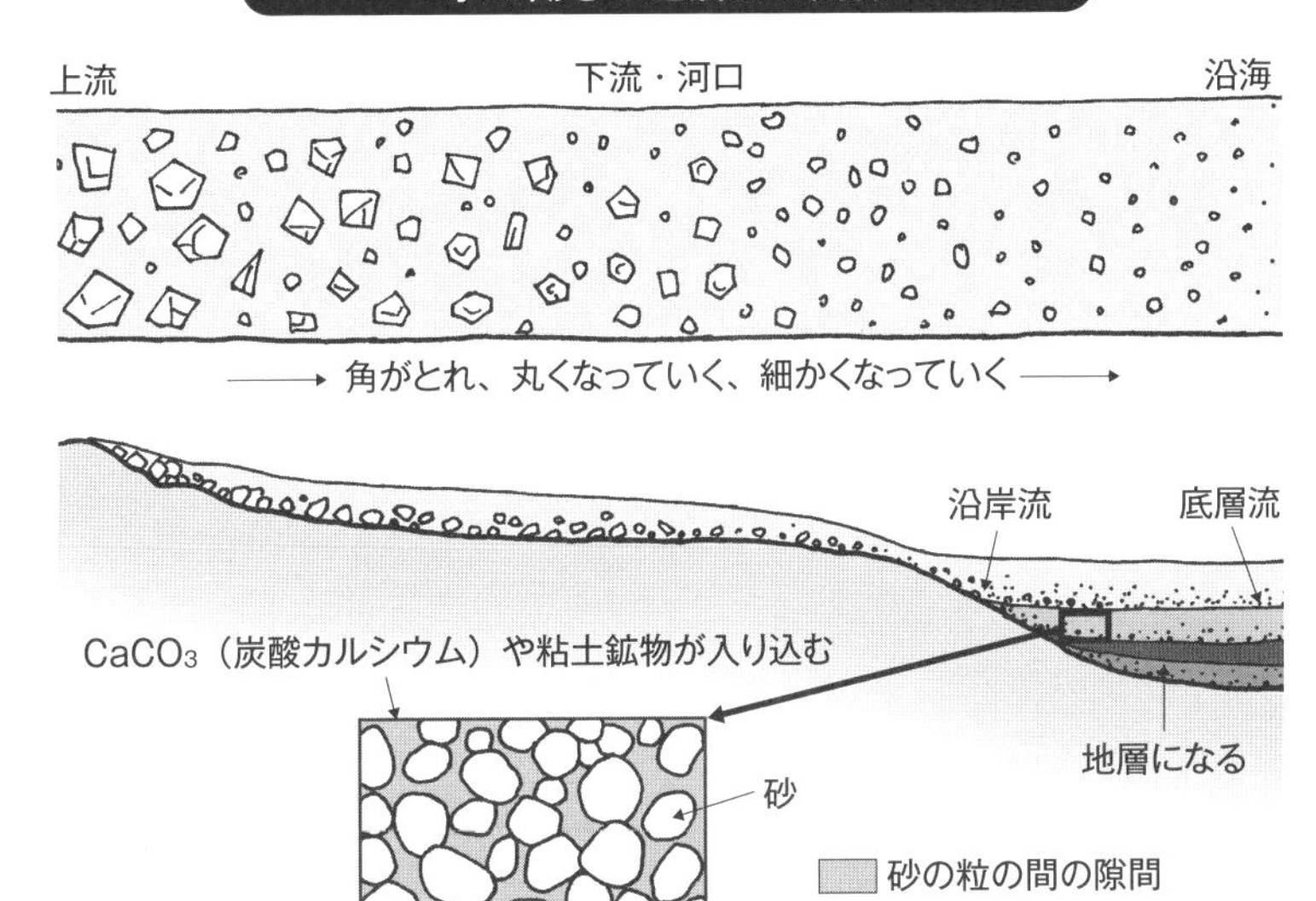

細かい粒子は海水を浮遊し遠くまで運ばれながら海底に降下し沈着して堆積していきます。

河床や海底で堆積するときも水の働きで粒度もそろい砂や石や泥が秩序をもって堆積し、地層となっていきます。

堆積物の表面にさざ波の跡（波の化石）を残したり、砂や泥が粒の大きなものから堆積したり、川底や海底の緩やかな流れで底に斜交して堆積物が堆積したり、水の流れの作用を示す構造を残して地層が形成されます。水に溶解した鉱物や粘土鉱物は地層を構成している砂粒の粒子間に粒子どうしを接着させる膠結物としての役割を果たします。地層は積み重なり、地層の隙間は水、石油や天然ガス、メタンハイドレートの貯留の場ともなります。

このように地層と水の働きは密接な関係で地層の形成に不可欠です。

6 風の働きでも地層はできる!?

風も地層をつくる働きをします。風化と削剥に風が加われば脆く壊れた岩盤も細かい粒子となり、飛ばされていきます。

風の働きで地層ができる乾燥地帯地域とは、年間の降水量が２５０ミリメートルより少ないところです。世界には多くの砂漠があります。日本でも鳥取砂丘のように小さな砂漠があり陸から運ばれ海岸に集まった砂などが、風で砂丘をつくっています。新潟平野でも海岸線に沿って70キロメートルにわたって砂丘が発達していますが、海底の砂が海岸に向けてながれる潮流と、沿岸流、海中の砂を海岸に向けて流れ寄せる潮流と、海岸線に堆積した砂を内陸へ吹き込む風の働きで形成されたものです。風によって運ばれた砂が再堆積場所に移動し、堆積したもので、多くの砂は陸から運ばれています。

砂漠には砂の砂漠や礫からなる砂漠、岩盤が露出した岩石砂漠があります。サハラ砂漠、タクラマカン砂漠などの広大な砂漠地帯でも砂漠の周囲の山岳地帯の河川からや砂漠の中の岩石砂漠から風によって砂、泥、石が砂漠に供給されています。岩盤は昼夜の温度差や氷結で脆くなり、削剥され、石や砂や泥などに壊れ、分割され、さらには細粒化され、砂塵となって飛び、浮遊します。これらは風の作用で運搬されます。風で運搬できない重さの石は岩盤周辺に堆積します。また化学的な風化作用によって、カルシウムの多い長石など風化を受けやすい鉱物は

風の作用で地層を形成

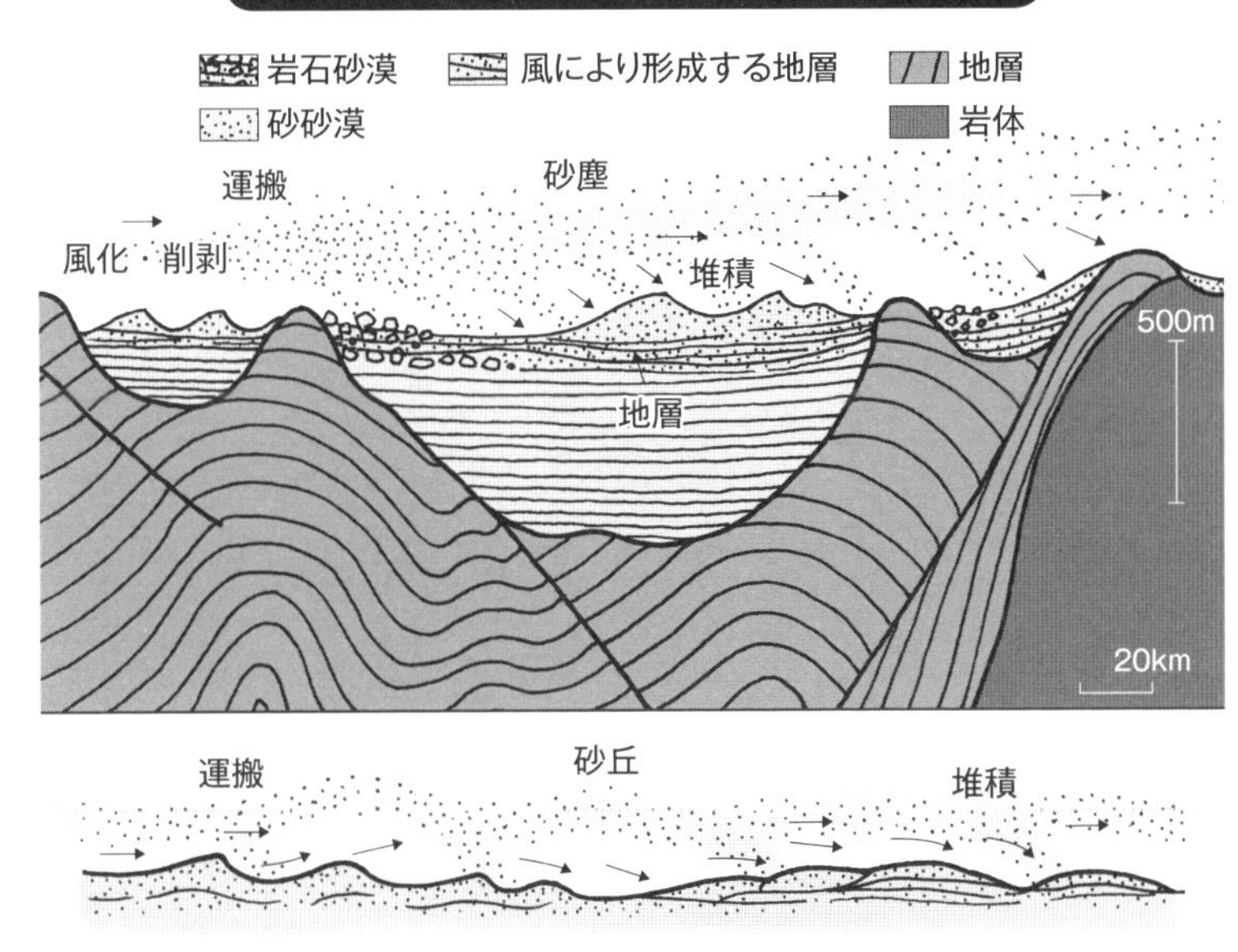

わずかな水分でも溶解します。

石英は抵抗性が高いですが運搬、集積を繰り返しながら粒子は角が摩耗されます。ふつう砂漠地層の厚さは、100メートル〜600メートルです。

風によって飛散し、移動し、堆積した砂塵も累重して地層になります。海岸の砂丘も同様です。

ゴビ砂漠やタクラマカン砂漠など東アジア内陸部乾燥地域の堆積物は強風により砂塵嵐となって広範囲に飛散します。空中に浮遊し、粒の大きな砂から降下していきます。この砂塵は黄砂といいます。この砂塵嵐を黄砂現象といい、地球規模で移動します。北京では粒子の直径がおよそ4〜20マイクロメートルほどの大きさです。黄砂は発生後3〜4日で日本に到達しますが、日本では4マイクロメートルという微粒の黄砂が降下し、1年間に1平方キロメートルあたり5トンほどが堆積すると推定されていますが全体としてはわずかな量です。

7 地層が固くなるのはどうしてだろう？

地層は軟い状態から固くなりやがて岩石の地層となっていきますが、どうして固くなっていくのでしょうか。堆積物の変化には、雨、構成物質、地下水、温度、気候などが関係します。雨が降ったあとは、かえって土地が固く締まり、よい状態になる意味から「雨が降って地が固まる」といいますが、揉め事などが生じた後、良い状態になるようなことのたとえです。雨の降った後、堆積物の空隙が砕屑粒子で埋まり地盤が固くなります。

砂や泥が河川で運ばれ水の流れと重力の影響で堆積物として広がりながら層になり堆積します。安定した場所で堆積物の層の上にさらに層が重なり、地層となって圧力を受けていきます。砕屑物の粒子間の隙間が詰まったり、粒子間の水が圧力の影響で排水されます。これを圧密現象といいますが、物理的作用によってまず固くなっていきます。さらに地層内や周辺での鉱物の化学的溶解作用によって生ずる炭酸カルシウムや二酸化ケイ素など地下水に溶け込んだ成分によって粒子間を結合させ固結力を高めていきます。このような物理的作用と化学的作用は堆積と同時に生じていきますが最初の段階はおもに圧密による物理的作用で、圧密の後は、数万年もの時間をかけながら長期にわたって化学的作用が続いていきます。固結力を高めることを膠結（こうけつ）といいます。これらの作用によって地層は固くなり、岩石になり、これを「続成作用」といいます。

地層の種類、地層の固結

種類	地層	特徴
堆積地層	礫層、砂層、泥層	砕屑物のサイズによる区分
	岩塩層	塩湖の水が蒸発
生物源地層	石灰石層、チャート層	生物遺骸の集積
	石油層、天然ガス層	プランクトン等が根源（原料）
	石炭層	植物化石、炭化
火山地層	溶岩層	火口から流出　屑状、塊状
	火山砕屑岩層、火山灰層	火山噴出物のサイズで区分

地層 ⇨

物理	圧縮、排水
化学	粒子間をセメント

⇨ 固くなる ⇨ 岩石化

地層内では絶えず続成作用が起こっており、地層を構成する粒子の組成と水の成分よって化学的環境も変化します。海水と淡水の違いでも相違します。地層中で溶液から沈殿して新しく生じた鉱物も形成されます。地層はおもに砂、泥、石を原料として水の作用でつくられていきますが、岩塩や石膏のように、蒸発等によって湖水等の水溶液中で飽和して沈殿し形成された地層もあります。また海底で発達したサンゴ礁は、石灰岩層になり、珪質の生物が集積してチャートという地層をつくるなど生物が関与して地層がつくられることもあります。

私たちが見る地層は、過去に海底で地層になったものが多く、造山運動で陸上の大地や山をつくっています。火山の噴出で形成される地層も同様です。陸上で風化・削剥、浸食され、運搬されて、堆積し、地層がつくられていく過程が絶えず繰り返され地層を構成する物質は、「循環」しています。

Column

海底火山と地層

東京から南、1000キロメートル離れた小笠原諸島の父島から130キロメートル西にある西之島近くで噴煙が上がったのは2013年11月でした。海底火山でした。1年の噴火活動で0.01平方キロメートルが海上に顔を出し、その後、500メートル離れた西之島と合体し1.85平方キロメートルとなりました。

西之島は南北650メートル、東西200メートルの細長い島で、4000メートルの深海で生まれた海底火山であり、海面上では面積0.07平方キロメートルという小さな島です。1973年に噴火し、大量の溶岩が流れだし、噴出物が海面上まで堆積して新しい陸地を形成しました。地層が形成されたためです。当時この島に「西之島新島」と名前が付けられました。

しかし、波で強い侵食を受け、海岸が後退し、火口や標高52メートルの丘もなくなってしまいました。しかし、削られた溶岩や火山噴出物が波で運ばれ周辺に堆積したため面積が増加しました。侵食されながらも堆積し地層を形成しながら大きくなったのです。1990年頃には西之島全体の面積は0.29平方キロメートル、最高標高は25メートルでした。安山岩を主体としていた火山噴出物です。

2013年からの噴火は、噴煙を上げ継続しています。数年は噴火が続くと予想されています。マグマの流出や火山灰、火山礫の噴出で西之島は成長を続けています。火山噴出物の堆積、浸食・削剥で地層がつくられ島の広さも形も変化していきます。火山の山腹、裾野の海底に堆積物は溜まり、細粒の火山噴出物は海流や海底に流れる底層流によって移動し、再堆積し地層を積み重ねていきます。海底火山で領土が広がり、排他的水域（EEZ）も拡大していきます。

第2章

地層の種類と、それができるまで

8 地層の種類を分ける。地層の単位とは？

山の切り割や河岸の露出している地層を見ても、地層をどのように分けていくのか、見慣れないと見当がつきません。また知識も必要です。第1章で説明したように、多くの地層は石や砂や泥から成ります。これらは砕屑粒子の大きさの違いで分類しますが、石すなわち礫からなる礫岩層も、砂からなる砂岩層もそれぞれ礫だけで、あるいは砂だけで構成されているわけではありません。礫岩の中にも砂が含まれ、泥が含まれています。そこで何が多く含まれているかによって地層を分けます。地層を切り取った岩石を、光がとおるほどの薄さにして鉱物を通過する光の特徴で鉱物を見分ける偏光顕微鏡で観察します。肉眼でも砕屑粒子がどんな鉱物か、ある程度わかりますが、顕微鏡を使って観察し、地層を構成している鉱物を判定します。

砕屑粒子の大きさに加えて構成している鉱物の種類で地層を区分していきます。礫岩層であれば構成している礫岩の種類も分類の基準に使われます。

この3つの基準だけでも地層の種類や地層をつくる砕屑粒子がどこから来たのか、地層の砕屑粒子の供給地の手がかりも得られます。すなわち川の上流に分布する地層や花崗岩などの火成岩からの由来かどうか、推測がつきます。また地層には化石も少なからず含まれます。化石から生物や植物の堆積当時の環境や時代もわかってきます。

また、数十キロメートルの範囲で地層を調べていけば、水平方向にどのくらいの範囲で地層が連続しているかわかります。現在の陸上の火山活動の場合では、噴出後の火山噴出物の広がりは3次元で観察ができますから、火山による地層となっていく噴出物の連続性や厚さ、広がりが調べられますが、数万年前やそれ以上古い火山の地層となれば、堆積物で覆われていきますので、詳細な調査が必要になります。また顕微鏡による観察で火山岩の種類を判定することも地層区分の精度を高めます。

地層の種類を分けるのはこのような基準に基づいています。地層は堆積地層、火山地層、生物源地層にまず区分しますが、これらは構成する物質や形成過程が相違します。堆積地層は、地層が固まっていなければ、礫層、砂層、砂礫層、泥層、砂質泥層といい、固まり岩石になっていれば礫岩層、砂岩層といいます。もし花崗岩の礫が多ければ花崗岩質礫岩層といいます。砂粒に石英が多ければ石英質砂岩層

地層柱状断面図

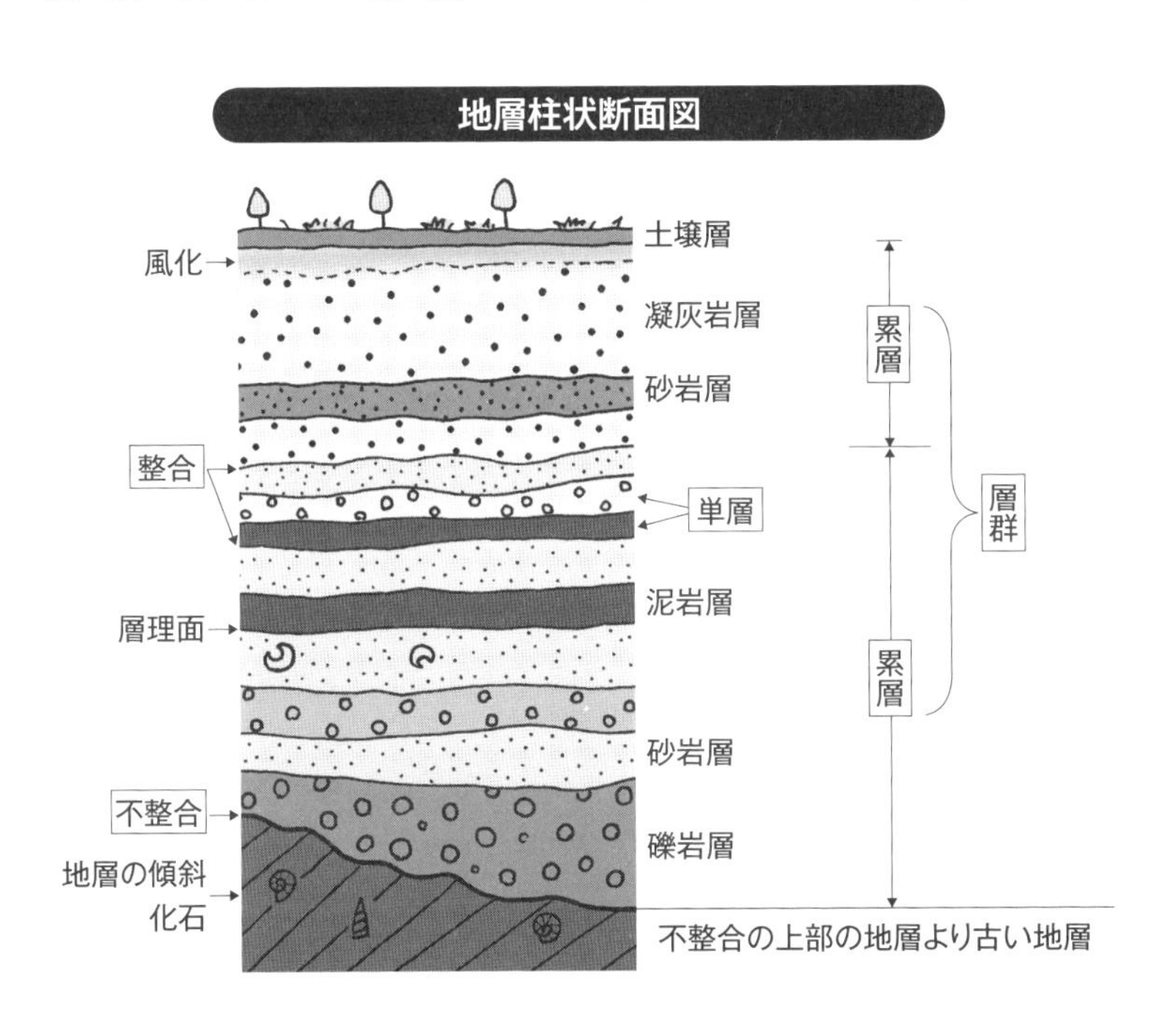

と呼びます。火山噴出物であれば溶岩層、火山礫岩層、火山砕屑砂岩層、凝灰岩層に区別します。

地層の特徴を表す基準は、前述したように砕屑粒子のサイズや鉱物の種類に加え、地層の色や硬さ、密度、形成された年代、組織など様々です。

地層は一般的に、水中でほぼ水平な面の上に、一定の厚さで堆積します。ほぼ均質な構成物からなるような1枚の地層を単層と呼び、地層としてはそれ以上区分できない最小単元です。1回の噴出での溶岩流や火砕流も単層です。陸上の火山灰や火山噴出物は、地形の起伏を雪のように覆って堆積します。

単層と単層の間の境界面を層理面（そうりめん）といいます。地層が連続して累重している場合を整合といいます。これに対し不整合は、地層と地層の境界に非常に長い不連続があり、侵食により一部の地層が欠落している場合、この境界を不整合といい、連続して堆積した地層、単層が累重している範囲を累層と呼び、これが地層分類の基本単元となります。複数の累層をまとめて層群といいます。

累層には固有の名前がつきますが、ふつうは地域名です。「秩父古生層」というように「○○層」と名づけられます。

伊豆半島恵比須島凝灰岩地層

9 堆積地層、火山地層、生物源地層の形成の方法は？

地球上に分布する岩石は、火成岩、堆積岩、変成岩の3つに分類されます。火成岩は地下深部からマグマが地上にむかって上昇しながらマグマが固まり岩石になった花崗岩や斑れい岩です。マグマが地上に噴出すると火山噴出岩です。火山噴出岩は溶岩であれば火成岩として区別されますが、火山砕屑物であれば堆積岩として分類されます。溶岩も層として堆積するので地層の仲間に含めます。このほか変成岩はこれらが地下深部で圧力や高温の影響を受け、構成している鉱物が変形したり、化学作用も加わり異なった鉱物になったりして変化した岩石です。

堆積物からなる地層は堆積地層で、その中で火山砕屑物、火山砕屑岩からなる地層は火山（砕屑物）地層といい、堆積地層のなかで生物の遺骸、生物の作用による地層が生物源地層です。したがって砂や泥であろうと火山噴出物の砕屑物からなる地層も生物源からなる地層も堆積地層です。

地層は時間をかけながら続成作用により岩石化していくので、岩石となった堆積地層は堆積岩からなります。堆積岩は主として礫岩、砂岩、泥岩ですが火山由来であれば火山砕屑岩（火砕岩）といい、火山灰からの岩石であれば凝灰岩です。火山礫、火山弾からならば火山角礫岩です。生物源ではサンゴや有孔虫、ウミユリ、石灰藻などが堆積してできた石灰岩、海生微生物起源の白亜（チョーク）も石灰岩です。石炭も植物由来の生物源の岩石で石炭層をつ

岩石の分類

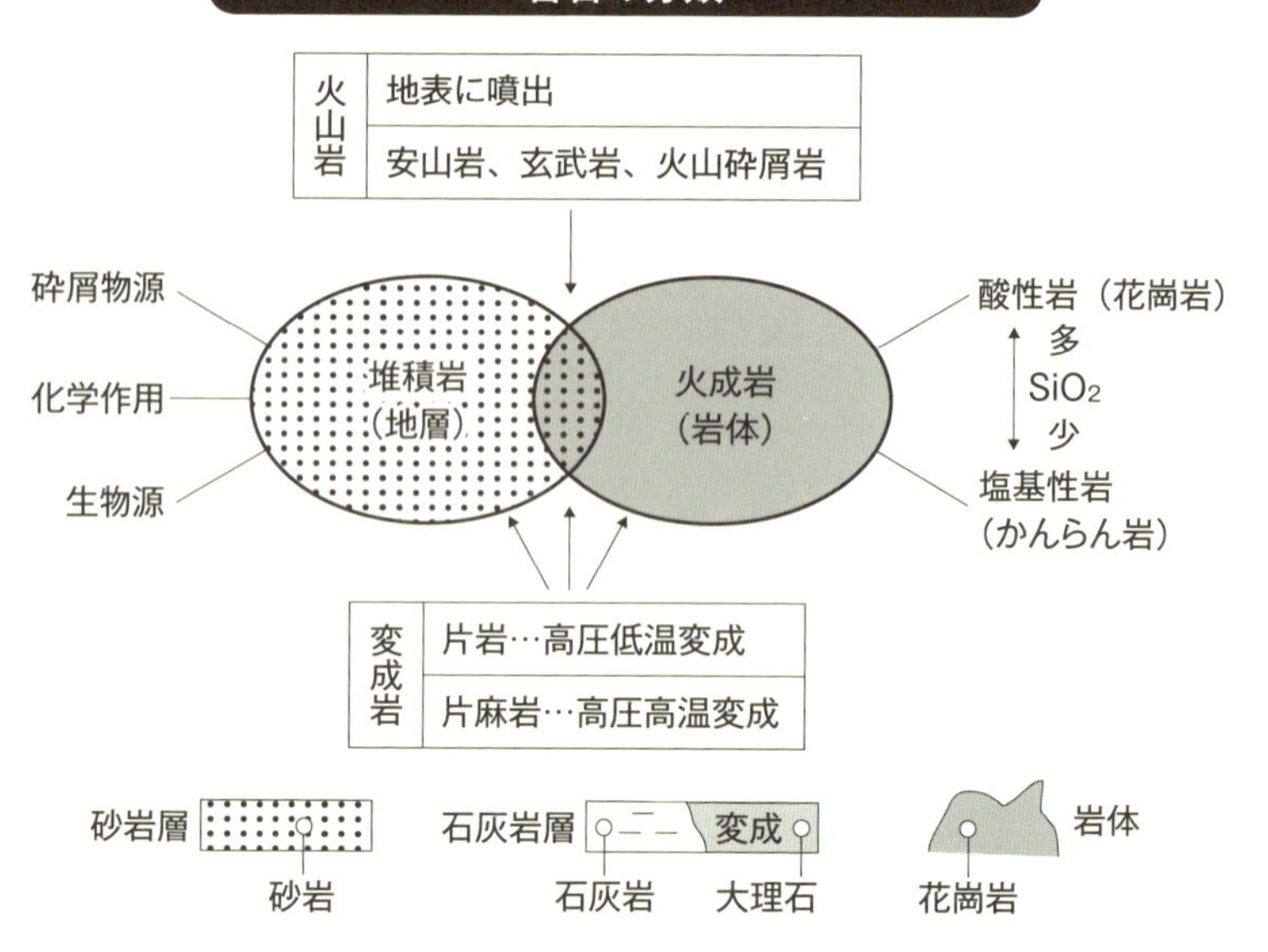

堆積岩の種類

起源		岩石
堆積岩の分類	砕屑物	砂岩、泥岩、礫岩
	生物	石灰岩、大理石、チャート、珪質岩
	化学作用	石灰岩、石膏、チョーク、岩塩（蒸発）、珪質岩
	火山	凝灰岩、火山角礫岩

泥岩の種類

種類		特徴		※粒子のサイズ
泥岩	シルト岩	細粒の砕屑物からなる		※0.0625～0.004mm
	粘土岩	極細粒の砕屑物からなる		0.004mm以下
	頁岩（シェール）	圧力を受けた泥岩	本のページのように薄く割れる	
	粘板岩（スレート）		板のように割れる	

くります。石油や天然ガスも堆積作用によって形成され、堆積岩に胚胎（はいたい）します。藻や放散虫の堆積によって珪質岩やチャートが形成されます。石灰岩のなかで海水中の炭酸カルシウムが沈殿したものは化学的沈殿岩といいます。このほか岩塩や石膏は、水中とか海水中に溶けていた成分が、水や海水の蒸発によって析出し固まったもので、蒸発岩といいます。

なお泥は粒度によって細粒で0・0625〜0・004ミリメートルであればシルト、0・004ミリメートル以下であれば粘土で、岩石化していればそれぞれシルト岩、粘土岩です。泥岩が地下で圧力を受けると堆積面に沿って薄く層状に割れやすい性質をもつ頁岩となります。「頁」は本のページの意味で「シェール」ともいいます。また弱い変成作用を受けた泥岩は硬くなり、板状に割れ、粘板岩と呼びます。堆積地層の形成過程は第1章で説明したように、風化、削剥、運搬、堆積して形成されます。

三浦半島城ヶ島　火山砕屑岩地層（火山礫質砂岩地層と凝灰岩地層）

10 化石の形成と地層にはどんな関係があるのだろう？

地層の中や表面に化石が見つかることがあります。化石も堆積物の一つです。化石は「過去の生物の遺物」で昔の生物が残していったものです。化石の正体は生物自体が地層の中で岩石や鉱物で置換し、岩石に残された印象で古生物の姿です。すなわち石になった、化石化した生物です。また生物が生息していた跡を岩石に残した模様は生痕（せいこん）化石といいます。生物活動の跡（遺跡）で巣穴や這跡や糞などです。したがって化石の範囲は広く、現物の生物が残ったもの、形だけ残り岩石になったもの、あるいは生物の活動の証拠、です。これらの化石は過去を解く有力な手掛かりとなり、化石にもとづいて地質時代の区分（地質年代）が組み立てられ、地球の歴史をつくる土台となってきました。また、生物の進化も化石の研究によって明らかにされるので、化石は直接的証拠です。眼に見えない花粉も化石で堆積物、堆積岩に含まれており、古い時代の気候や地理や植生などを知る有力材料にもなります。また樹脂の化石の琥珀に取り込まれた昆虫も化石です。バクテリアも化石となります。

化石となる生物は、動物、植物、微生物など様々です。生物が遺骸になると、砂や泥と一緒に水によって流され運搬されて礫、砂、泥とおなじようにふるい分けられ、堆積物に埋もれ地層の一部となり、地層の岩石化とともに化石となります。

これらは生きていた場所と化石が見つかった場所

化石の役割と種類

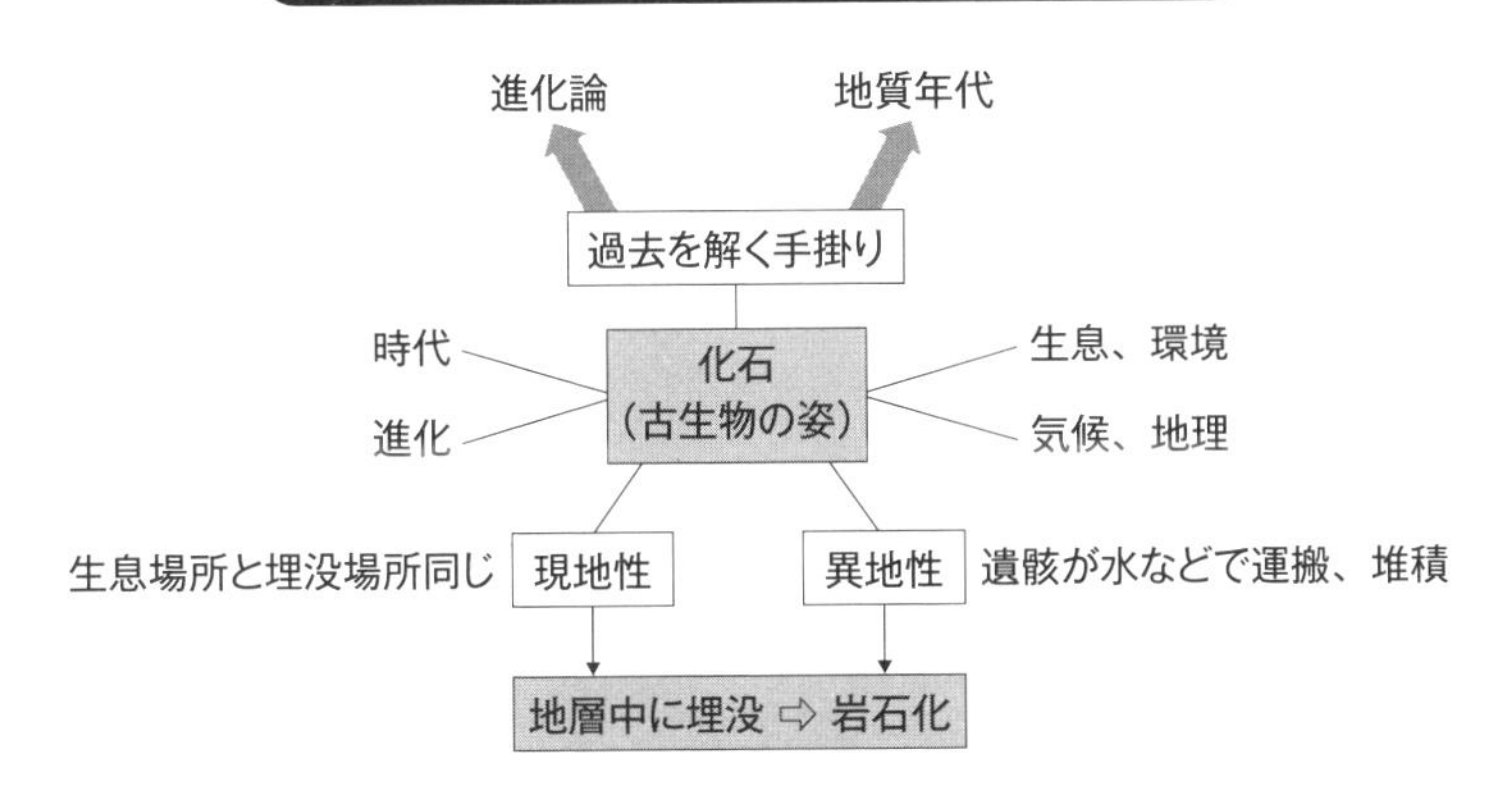

化石の種類				化石から変貌
動物	植物	微生物	生痕	化石資源
恐竜、哺乳類 節足、昆虫	幹、葉　果実 種子、花粉	バクテリア 菌類、有孔虫	足跡、巣穴 糞、這跡	石油、天然ガス、石炭

が異なるので異地性といいます。一方で、水中で生きている魚や海底に生息する貝類などが遺骸になり直ちに堆積物に覆われれば、生きていた場所で化石となり地層に見出されます。生痕化石もカニが這った直後に堆積物に覆われれば、這った跡が堆積物に残ります。これらを現地性といいます。このような生命活動の証拠の化石は必ずしも完全な姿を残しているわけではありません。多くは異地性で、遺骸が運搬されながら破損したりするので断片的です。

生物起源の地層の石灰岩、珪質岩、チャートは化石が集積して、形成されました。

石灰岩はセメントの原料で珪質岩は耐火物になり地下資源です。このほか変貌した化石として石油、天然ガス、石炭、などの化石資源も生物や植物が根源となっています。集積した海鳥の糞も地層に埋没してリン資源となり、鉄鉱石もバクテリアのストロマトライトの働きで形成されました。

11 〝続成作用〟とは何か、地層の固結に必要なこと

礫層、砂層、泥層として地層が形成されても固結するまではそれぞれ石、砂、泥のままで、堆積時の構造を保存し軟らかく、構成する砕屑粒子は地層といっても、結合力がなく、砂浜の砂のように軟弱です。地層は累重しながら固結していきます。

地層に関係する法則は、「地層累重の法則」といいます。デンマークの科学者ニコラウス・ステノが、1669年提唱した「地層は基本的に万有引力の法則に従って、下から上に向かって堆積する」という法則です。下にある地層ほど古く、連続して堆積した場合、上に行くほど堆積した時期が新しいという法則です。

18世紀英国の土木技師ウィリアム・スミスがこの法則を証明し、地層の新旧関係、すなわち地層のできた順序を研究する「層序学」の基本原則として確立しました。両者合わせて「ステノスミスの法則」といい第1法則「地層は水平に堆積する」、第2法則「その堆積は側方に連続する（地層の側方連続の法則）」、第3法則「古い地層の上に新しい地層が累重する」からなり、単純な法則ですが、地質学発展の土台であり、地層を観察する視点でもあります。

この累重の法則によって数百～数千メートルと厚く地層が重なりながら続成作用が起こり地層が固まり岩石となっていきます。岩石化の作用です。これは地層が荷重によって圧力と温度が上昇し、砕屑粒子の隙間が詰まり、粒子間の水が排水されて圧密さ

地層の岩石ー続成作用

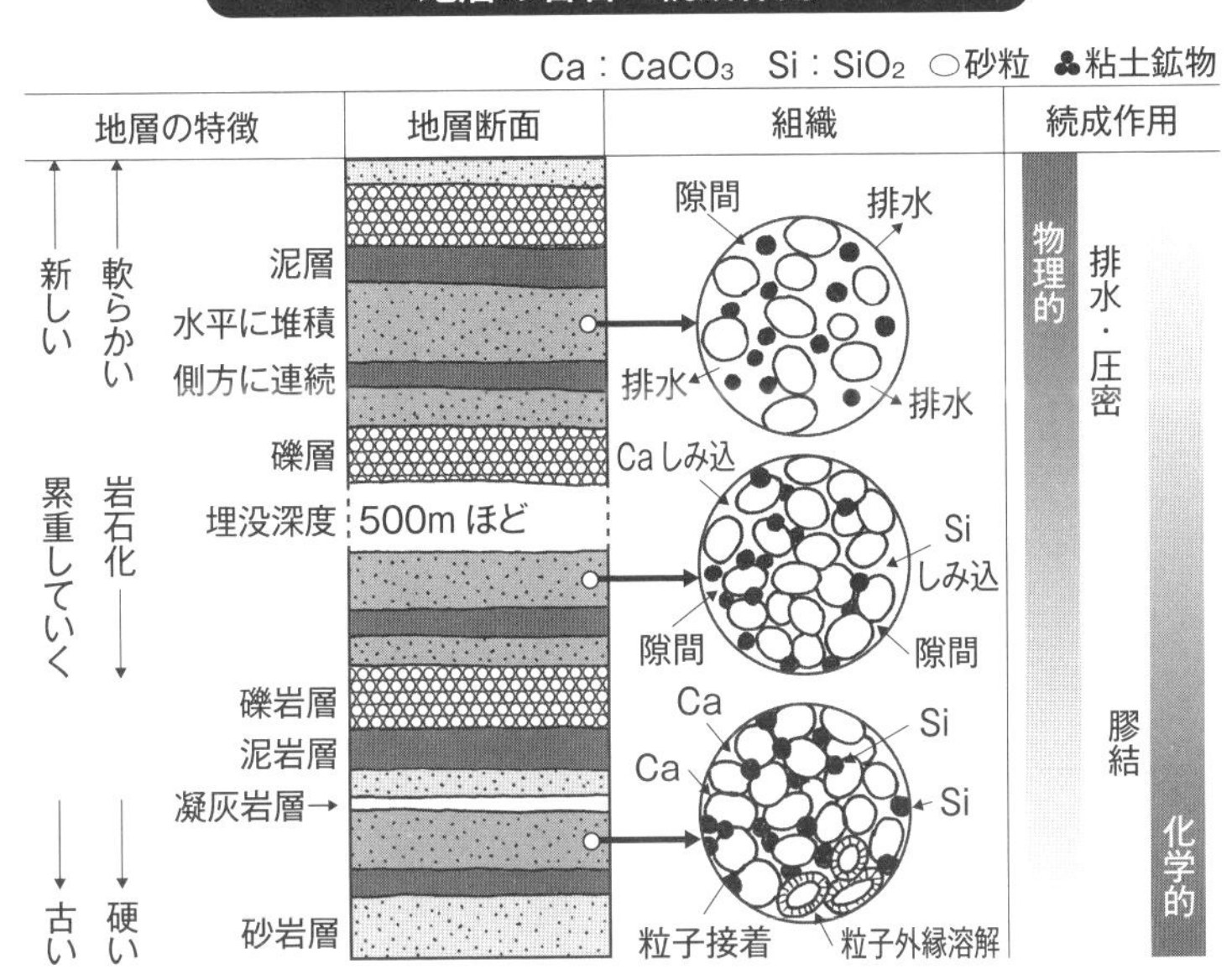

れるという物理的続成作用です。また地下水に炭酸カルシウムや二酸化ケイ素などの鉱物を構成していた成分が溶解し、粒子を接着させます。

砕屑粒子の周辺で化合し化学生成物を析出し粒子を結合させます。粘土鉱物のように極細粒の鉱物も粒子間を埋める物質の役割をもち化学作用で一部は再結晶し、粒子が接着材となっていきます。さらに粒子の表面も化学作用で溶解して同じような働きをします。このような化学的続成作用によって固結力を高めることを膠結（こうけつ）作用といいます。

物理的続成作用と化学的続成作用は地層の形成と同時に起こります。とくに化学的続成作用は数万年以上の長期にわたって砕屑物粒子が溶解・再結晶するなどの変化をしていきます。

地層の重みで固められ粒と粒を接着させる働きにより、堆積岩になる作用が続成作用で、生物源も火山噴出物もこの作用を受けて岩石になります。

12 地層には様々な〝時の構造〟が残っている

地層を観察すると地層の中に堆積した時の構造が残っています。堆積物は水や風の流れと重力の影響を受けて堆積しますが、堆積時あるいはその直後に地層の内部及び地層面や下底面に流れや重力の影響で堆積構造として線の模様をつくります。この線は地層の断面で見れば線ですが実際は面です。

砂や泥などの砕屑粒子が運ばれ、堆積すると砕屑粒子が大きいものから小さいものへと順番に沈積した状態となります。地層内に保存されれば、これを級化構造といいます。単層の断面で、地層の基底から上に向かって粒子の粒径が粗粒から細粒へと連続的に変化しています。よく見ると砂、泥の粒子は水平方向に粒の大きさが揃っており、この粒子の層を葉理といい上下に重なる堆積物の粒の大きさの違いにより縞状の模様をつくっています。また葉理は地層面に対し斜めに形成している場合があります。これを斜交葉理といいますが、砂や泥を運びながら、流れの向きや速さが変化したりすると形成されます。また砂浜で見かけるさざ波や波紋も堆積物に覆われれば地層の断面の層理面で波形が見られ、地層面を平面的に観察できるところでは砂浜と同じような波の残した跡が表れています。これをリップルマーク（蓮根、砂紋）といいます。もし地層が軟かい堆積したばかりのときに不均等な荷重が加われば地層面は凸凹となり、地層の下底面に残されます（荷重痕）。その単層の上部の細粒の泥質のところで

堆積構造

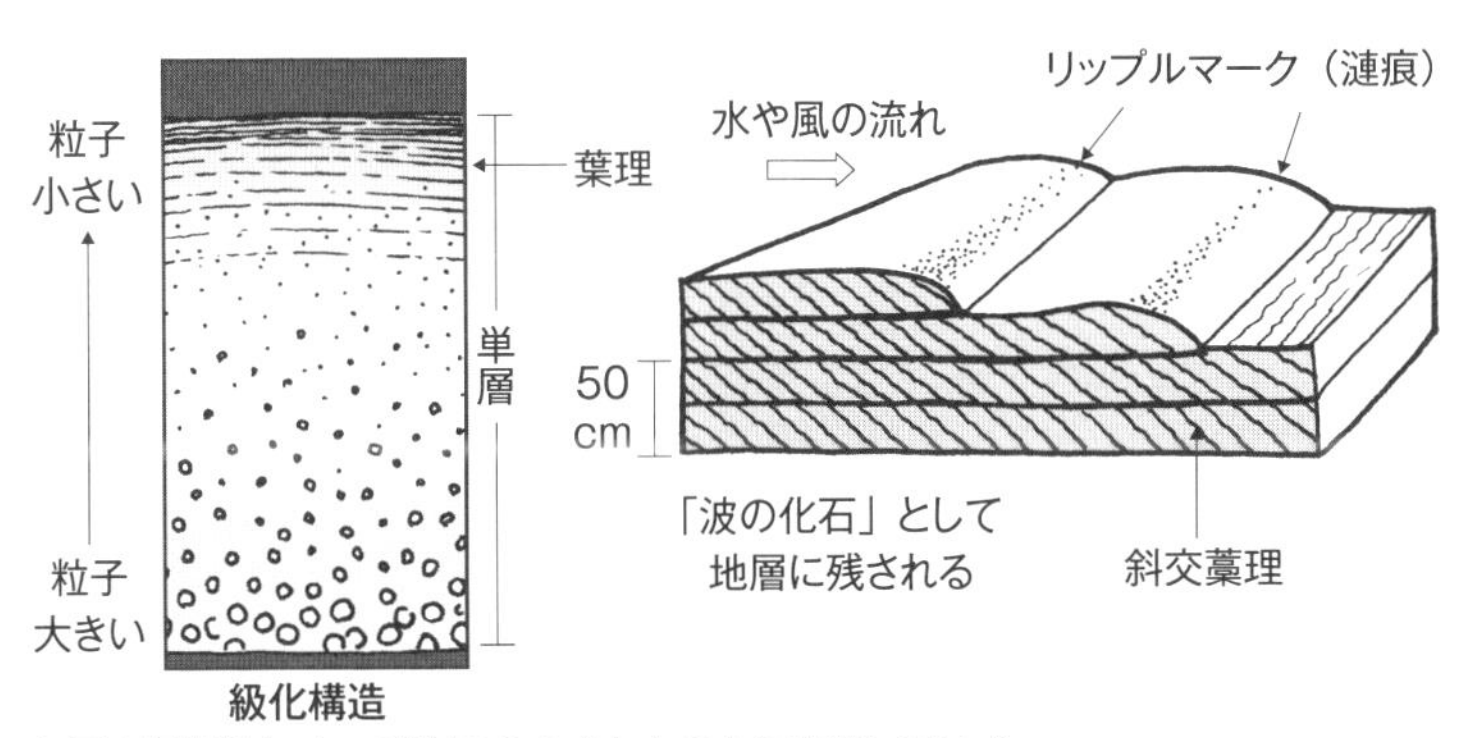

1 回の混濁流によって粒子の大きなものから堆積していく

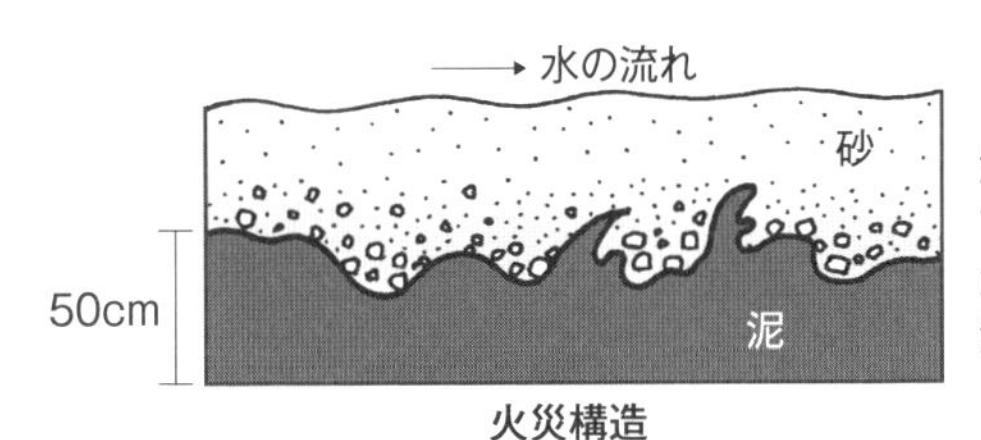

泥の層の上に礫砂が堆積すると泥は未固結で軟らかいため砂や礫の重さで泥が災のようになる

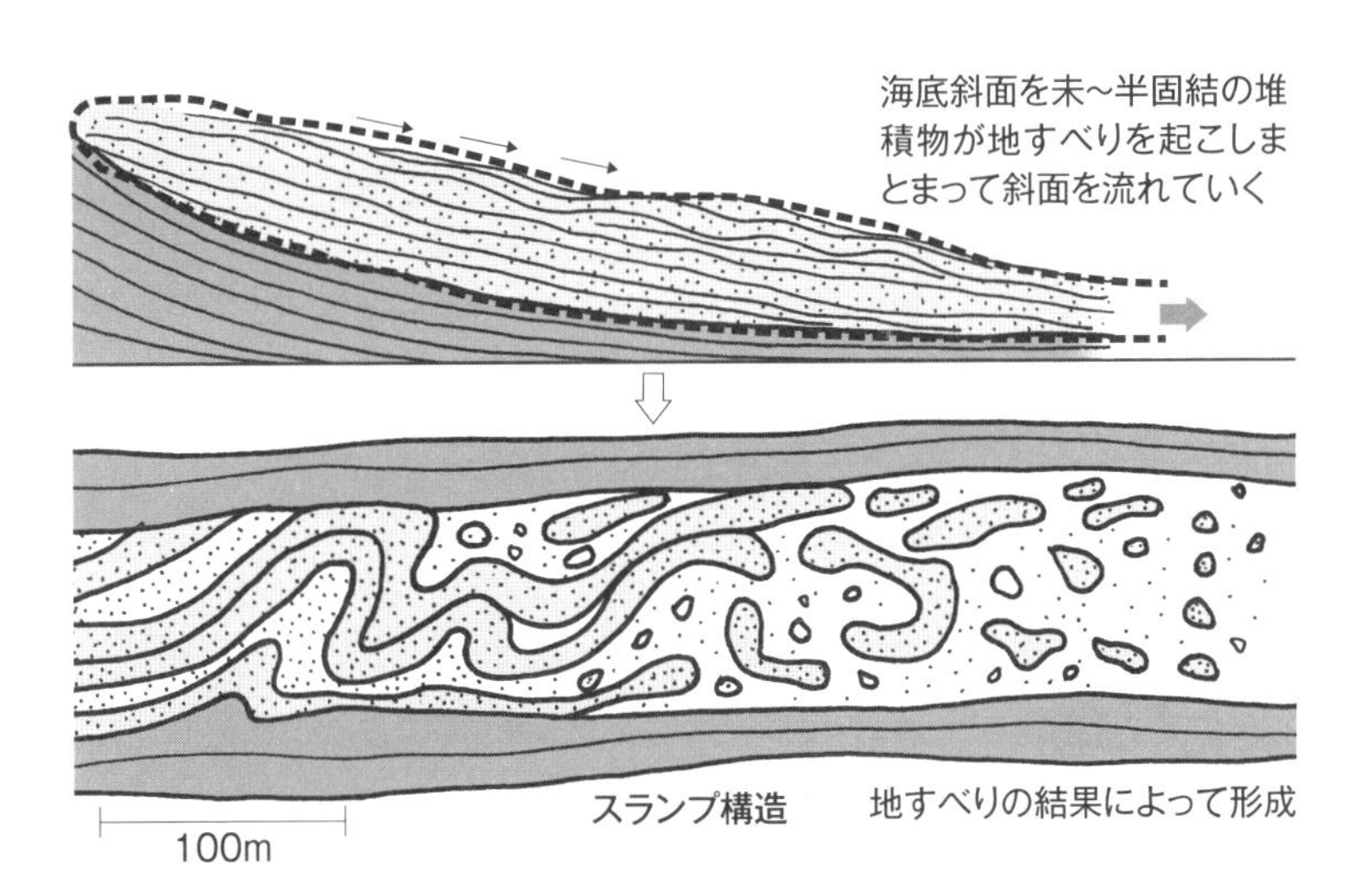

三浦半島城ヶ島　泥岩・凝灰岩地層のスランピング

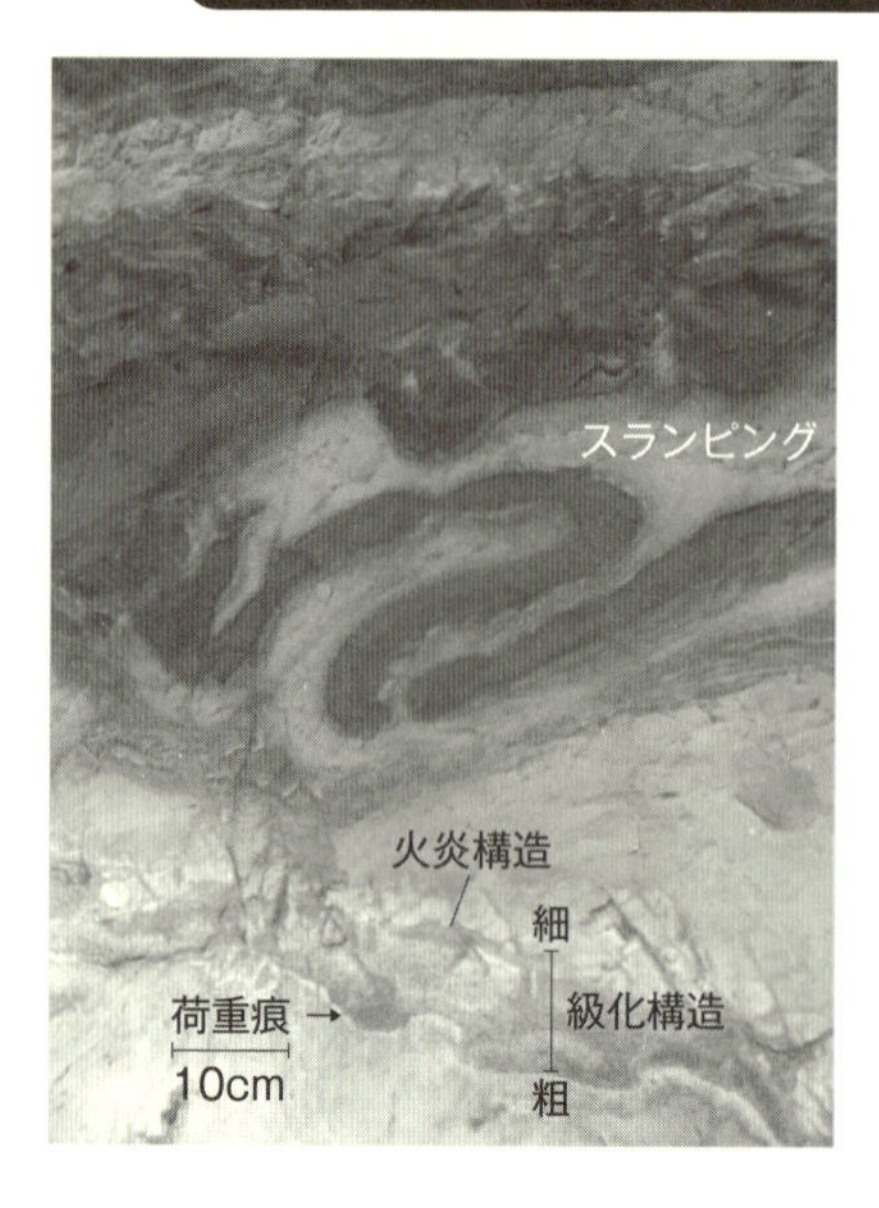

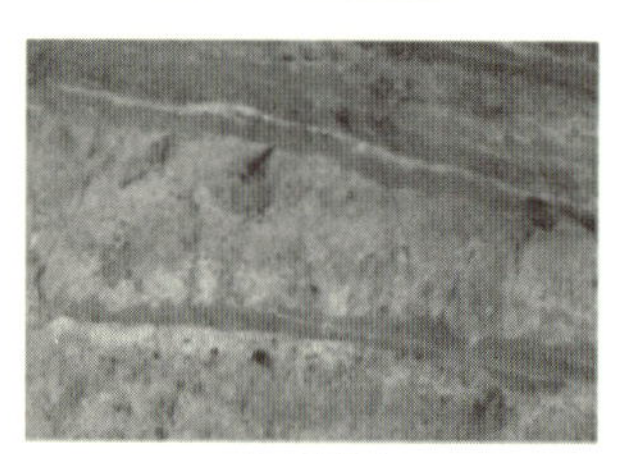
火炎構造

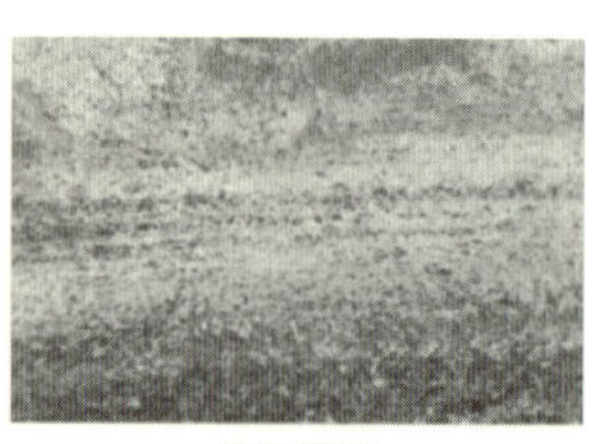
級化構造

はいかにも炎に見える火炎構造をつくります。

地層が斜面（例えば大陸斜面）で堆積し未固結や半固結状態であるとき、地震などが起これば数メートル～数十メートルの厚さに重なった地層は斜面を地すべり現象で崩れながらすべっていきます。半固結の地層であれば褶曲（しゅうきょく）状に曲がり、ちぎられ、崩されて再び安定したところで堆積します。その上に堆積物が重なり地層をつくっていきますが、この地すべりによる褶曲した構造が地層間に残されます。この構造をスランピング（スランプ構造）といい乱堆積の構造です。

このような堆積の構造のほか、地層が固まっていないときに裂け目が生じれば上位層の堆積物が裂け目を充填したり、甲殻類などの巣穴も堆積物で充填され生痕化石として地層内部に観察されます。

地層の堆積時の構造は堆積した時の環境を明らかにしていく材料となります。

Column

ジオパークは日本各地に広がっています

日本列島がどのようにできたのか、「付加体」といってもなかなか理解にはいたりません。地球は火山が噴出し地震が起こり絶え間なくダイナミックに動いており、まさに「生きている地球」です。その一部、ユーラシア大陸の脇の日本列島も地質現象が頻繁に起こり、「なぜこのような噴火が、あるいは地震がおこるのか」と疑問がわきます。実際の地質現象を見ると46億年の地球史の一端に触れ、地球や表層部の地殻の活動への体感に繋がります。「百聞は一見にしかず」です。地質現象は日本でも世界中のどこでも観察できますが、その場所に行っても知識や観察の経験がないと何を見ているのかわからないと思います。

「ジオパーク」が広まってきました。ジオパークは地球活動の遺産を見学できる場所です。世界遺産のような地球遺産です。自然の中の「大地の公園」です。ジオパークは、ユネスコの支援により2004年に設立されました。世界ジオパークネットワークにより、世界各国で推進されています。日本を含め30ヵ国、100地域からなり、年々増加しています。日本では、2008年に国内の認定機関として日本ジオパーク委員会（JGC）が発足、2009年に日本ジオパークネットワーク（JGN）が設立されました。ジオパークは自然に親しむための公園で地球科学的に見て重要な特徴をもつ実物を観察して、地域の地質の歴史や地球の歩みを知るため、北海道から九州に至る28地域の各地にできました。海底に堆積した地層、石灰岩の浸食、恐竜化石発掘地、破局的噴火の火山、陸側に押しつけられた付加体、変成岩、褶曲構造など様々な多様な地質現象を日本各地のジオパークで見ることができます。多くのジオパークは観光地になっており、地質・地形が生み出す景観とともに自然を楽しめます。

13 世界最古、日本最古の地層はどんな地層

地球は、太陽系が形成され始めた46億年前に誕生した、といわれています。現在見つかっている最古の地層は、グリーンランドの38億年前の地層で、海底に堆積した地層だと考えられています。発見はグリーンランド南西部のゴットホープ地域です。岩石は片麻岩（へんまがん）という高い圧力と高温を受けた変成岩で変成前の岩石はわかっていません。Rb－Sr法、Pb－Pb法（U－Pb法と同じ）という年代を測定する方法で年代が明らかにされました。しかし、この年代測定の結果は火成岩の貫入（かんにゅう）年代か、変成年代か、堆積年代かはわかりません。しかし、付近には岩石の風化作用、削剥作用、砕屑物の運搬・堆積作用で生成された堆積岩を主体とする3000メートルの厚さの表成岩石があり、礫岩などの堆積岩が分布していることやSm－Nd法という年代測定法から堆積年代と考えられています。堆積、貫入、変成という地質時代の一連の現象期間が1億年といわれています。

年代測定には岩石に含まれる鉱物を利用します。ジルコンは、結晶中（鉱物中）にウランを含有しやすいという性質があり測定対象鉱物として一般的です。ウランが放射性崩壊し、鉛に変化していく性質を利用してウランと鉛の割合でどの程度時間が経過したかがわかり、採取した岩石がいつごろ誕生したのかを知ることができます。この方法で測定された年代は、ウランが放射性物質であることから、放射

地質年代

区分
新生代 中生代
古生代
先カンブリア紀（原生代・始生代） 46億年前

時代区分			出来事	単位：百万年前
新世代	第四紀		氷河時代、現代～ 180 万年前、人類	1.8
	第三紀	新第三紀	アルプス・ヒマラヤ山脈の形成、哺乳類、日本海の拡大・南極氷床の形成	
		古第三紀		65
中世代	白亜紀		隕石の衝突、生物の大量絶滅	
	ジュラ紀		恐竜の時代、鳥類	
	三畳紀		パンゲアの分裂	245
古生代	二畳紀		両生類	
	石炭紀		パンゲア超大陸の形成、シダ植物	362
	デボン紀		魚類の出現	
	シルル紀			439
	オルドビス紀		三葉虫	
	カンブリア紀		日本列島最古の地層 多種類の生物発生	570
世界最古の地層（38億年前）			地球の凍結、大陸の誕生	

性年代と呼ばれています。

なお西オーストラリアのピルバラ地域で35億年前の地層から、世界最古の原核生物（バクテリア）の化石が、チャート（次項参照）から発見されています。

日本では茨城県常陸太田市の茂宮川最上流部で、２００８年に日本で最も古い５億１１００万年前の地層が発見されました。日立変成岩という古生代カンブリア紀の地層です。ジルコンが測定対象鉱物でU－Pb法によって年代が測定されています。

中国東北部やロシアの極東部から約5億年前の地層が見つかっており茨城県は、ユーラシア大陸の東の端にあった火山地帯で、それが日本列島のはじまりではないかと考えられています。現在の日本列島はユーラシア大陸延長上にあります。

14 チャートから浮き出る放散虫化石

チャートとは貝殻状の凹凸をもった割れ口も鋭く非常に硬く緻密で透明感をもつ岩石です。チャート層はふつう数百メートル規模の厚さで層状をなします。古生代の二畳紀末期（2・5億年前）から中生代のジュラ紀、白亜紀（1億年前）頃に形成された生物源の地層です。赤褐色、緑色、黄色、灰〜黒色で多様な色調です。数ミリメートルの泥質岩の薄い層と数センチメートルのチャートの単層が繰り返し重なり縞模様をなし、環境の違いで色が変わるとされています。シリカ（SiO_2）の含有率は90％以上で、放散虫の遺骸が堆積して形成されました。

放散虫は原生生物の主として海のプランクトンとして出現する単細胞生物で、珪酸質の骨格を持ち1ミリメートルの約10分の1から20分の1程度の大きさで円錐状やそれに突起をつけたものなど、様々な形があります。チャート層には平行葉理や放散虫化石の級化構造が見られ約10メートルの厚さのチャートの堆積に要した時間は３５００万年で、砕屑粒子がチャート層に含まれないため、陸域から非常に遠い遠洋性の堆積地層と考えられています。

チャート層はしばしば褶曲構造を示します。この褶曲構造はチャート層が未固結〜半固結状態で地震などに起因する地すべりによってできたスランピングだと考えられ、チャート層の側方で、ちぎれている状態が観察でき、不定形をした礫状のチャートからなり周辺は砂質状で一見砂岩に見えます。

チャートは化学的沈殿岩と考えられた時代もありましたが、１９７０年代にフッ化水素酸でチャートの表面のシリカを溶解させると放散虫化石がレリーフ状に浮き出てくることが発見され、生物源岩であることがわかりました。放散虫化石の個体も分離ができるようになりました。放散虫化石の実態顕微鏡での観察からチャート層の年代解明が実現されました。

中古生代の海底火山活動による玄武岩質の溶岩（枕状溶岩）や凝灰岩からなる火山噴出物は、熱と海水の作用で少し変質し、緑色を帯びるため、緑色岩とか輝緑凝灰岩と呼ばれています。この古い時代の火山噴出物の緑色岩類は海洋プレートにおける上部マントルの上昇部の海嶺で作られます。この緑色岩類の周辺ではチャート層が形成され、海山には石灰岩がつくられます。海洋プレートの移動とともに緑色石、チャート層、石灰岩も移動し、海洋プレートが海溝で大陸の下に沈み込むときに、一部のプレートの上の地層がはぎ取られ、陸側に付加しました。この付加体は日本列島の土台になっています。

チャートと放散虫化石

A　B

A. チャートの褶曲構造（スランピング）埼玉県秩父市上吉田
B. 放散虫化石大塚（1998, 安曇村誌自然編）スケールは 0.1mm

Column

英国で生まれた地質図

産業革命は、18世紀半ばから19世紀にかけて起りました。蒸気機関の発明と産業の機械化で石炭の大量生産が必要になり、炭層の連続性や構造の調査に地質学が急速に発展し、石炭の探査を体系化しました。

フランスの地質学者のジャン・エチエンヌ・ゲタール（1715～86）は石灰岩、石材、鉱石の探査に役立つ情報を提供するためにフランス全土を大縮尺の鉱物地図214枚で覆うという試みにとりかかり、結局45枚刊行し（その後後輩が完成）、ジョルジュ・キュヴィエ（1769～1832）とアレキサンドル・ブロンニャール（1770～1847）は「パリ周辺のゲオグノジー地図」をつくり、地質図の形を表わしました。

一方英国では、土木技師で地質学者のウィリアム・スミス（1769～1839）が地層累重法則を証明し、層序学の基本原則を確立しました（2章11項目参照）。1799年には英国南西部のバース近郊の地質図を作成し地層分布を記した世界最初の地質図をつくりました。1815年には32万分の1のスケールでの15枚からなる英国全土の地質図を様々な地層を区分して『イングランドとウェールズ及びスコットランドの一部の地層の描写図』として完成させました。これらは世界最初の“近代地質図”とされています。

スミスは炭鉱の鉱脈調査や運河の建設の土木地質にかかわり、化石を観察し、年代決定法（地層同定の法則）を見出し、「英国地質学の父」と称えられるようになりました。フランスは英国から地質図作成方法を習得し、『フランス地質図』を1841年に完成させました。

各国とも資源開発や防災などに地質図を利用するため国家事業として地質調査を行い地質図を作成するようになりました。

第3章

地層から何がわかるのか？

15 地層には様々なことが記録されている

地層から様々なことがわかります。地層はその材料となる岩盤が風化・削剥され、砕屑粒子となって川に流れ、風にふかれて運搬されてできますが、できるのに岩盤の状態・種類、場所や気候条件によって長い時間がかかります。豪雨という異常事態でもその前に雨にうたれて崩れていく過程において長い時間が必要です。たった10センチメートルの厚さで1平方キロメートルの単層でも10万立方メートルの堆積物となり重さにすれば8～9万トンという量で、あっという間に海まで運ばれる豪雨時にはこの数十～百倍以上の量が地層をつくります。極細粒の粒子が水底に定着するまでには数年の時間が必要で、さらに海流に浮遊しながら遠洋に運ばれ、地層になるまでには相当な時間がかかります。

火山噴火による噴出物は噴火とともに一気に堆積し、繰り返しの噴火で地層も時間がかからず形成されます。しかしすでに地層となった噴出物も一部は雨によって削剥され河川で運搬され海底に定着するまでのプロセスは、砕屑物の地層の形成と同様です。生物源地層のチャートの堆積速度は一般に1ミリメートル／千年程度といわれ、5センチメートルのチャートの単層でも5万年かかります。

地層になるまでに堆積物に生物を取り込んだり、生息していた場所で生物が遺骸となり、あるいは生きていた跡を残し埋没すれば生物の痕跡が化石として記録されます。植物も石炭層になるばかりでなく

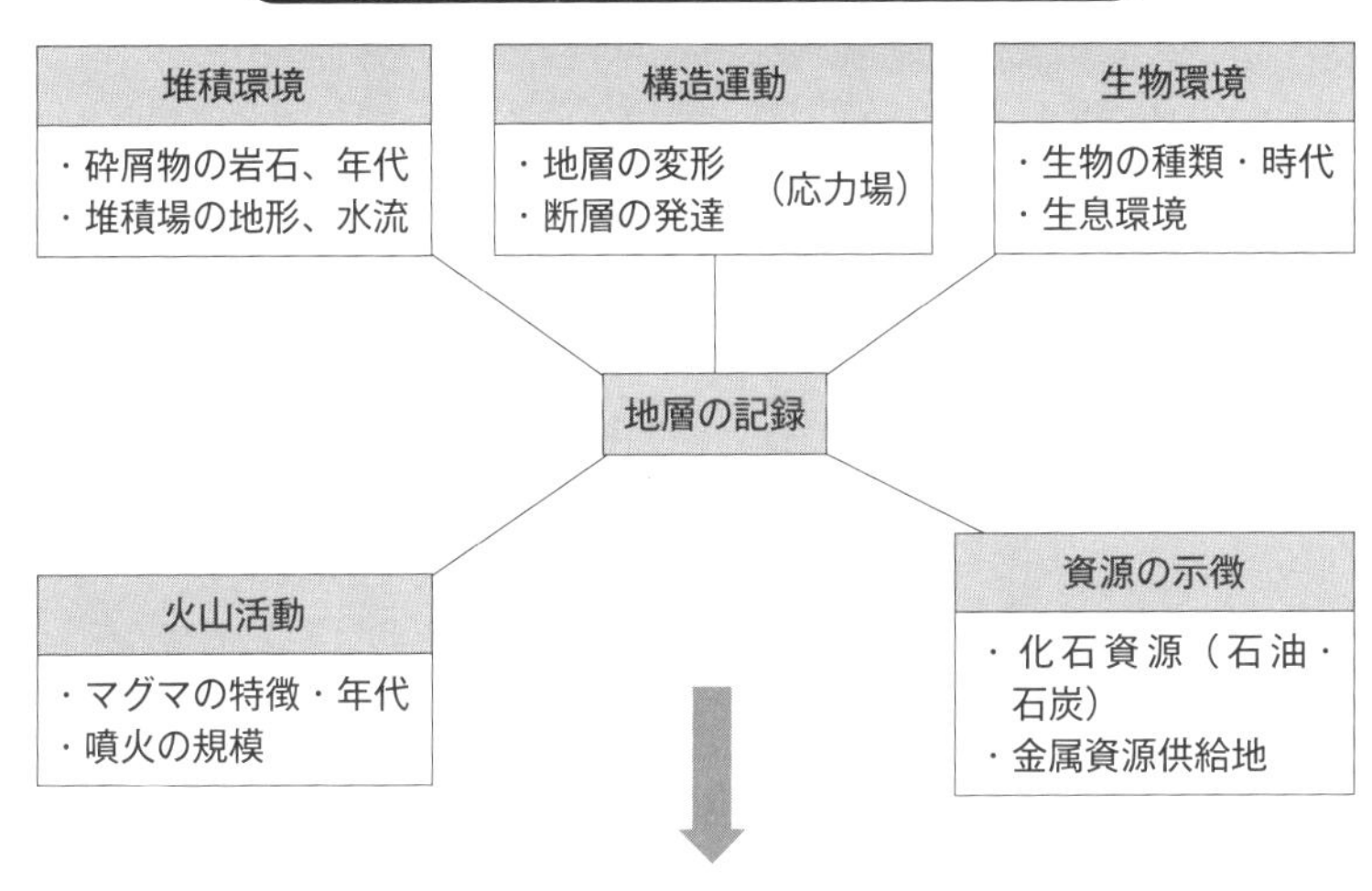

地層の中の破片も続成作用で炭化し、植生や時代の記録となります。チャートも崖などで一目で見ることができる範囲でも１０００万年の期間の生物の変化を記録しています。

堆積地層を構成する礫や砂粒から、風化削剥された地域の地質も推定できます。地層内部の級化構造や葉理や地層の表面の波の跡によって堆積時の水の流れや方向、どんなところで堆積したか、などその環境を知ることができます。また、地層には金や鉱石鉱物が含まれていることもあります。さらに地層を切り取って化学分析すれば微量の金属元素の濃度で金属資源の存在する可能性も推定されます。さらに、火山活動のマグマ、噴火の規模、原因なども火山地層に記録されます。

生物の種類や時代、堆積時の年代、堆積物の供給源、河川の流れ、火山活動、金属資源の存在などの記録を読み取ることができます。

16 地層には地球の歴史を知る手がかりがある

世界最古の地層（項目13で説明）はすでに変成岩になっていますが、38億年前頃の時代が測定されました。これにより地球創世紀から10億年にも満たない時代を知ることができ、地球の歴史を遡ることができます。

地球誕生から現在までの46億年の歴史を１年365日の「地球カレンダー」で表すと、地殻が固まり陸と海が生まれるのは41億年前で地球誕生から40日目になります。最初の原始生命の誕生は39億年前で、56日目です。火山活動が活発になり大陸の成長が進むのは26億年前で１６０日を過ぎた頃です。大気中の酸素が増えてくるのは21億年前で27億年前から19億年前にわたり鉄鉱層が形成されました。これで２１０日が経過しました。

10億年前には超大陸「ロディニア」ができますが８億年前の分裂を始める頃は３００日が過ぎます。そして超大陸「ゴンドワナ」が形成され、５～６億年前には生物が爆発的に増え、魚類が出現します。３２０日目頃です。超大陸「ゴンドワナ」が分裂し、大森林が広がり、爬虫類が多様化するのは４～３億年前で３３０～３４０日が経過しました。３～２億年前になると分裂していた大陸が集まり超大陸「パンゲア」が形成されます。哺乳類が出現しパンゲアが分裂していきます。３４５日経過しました。恐竜の全盛期は１億年前で年末の３６０日目となります。３６２日目には哺乳類が繁栄し、３６５日に

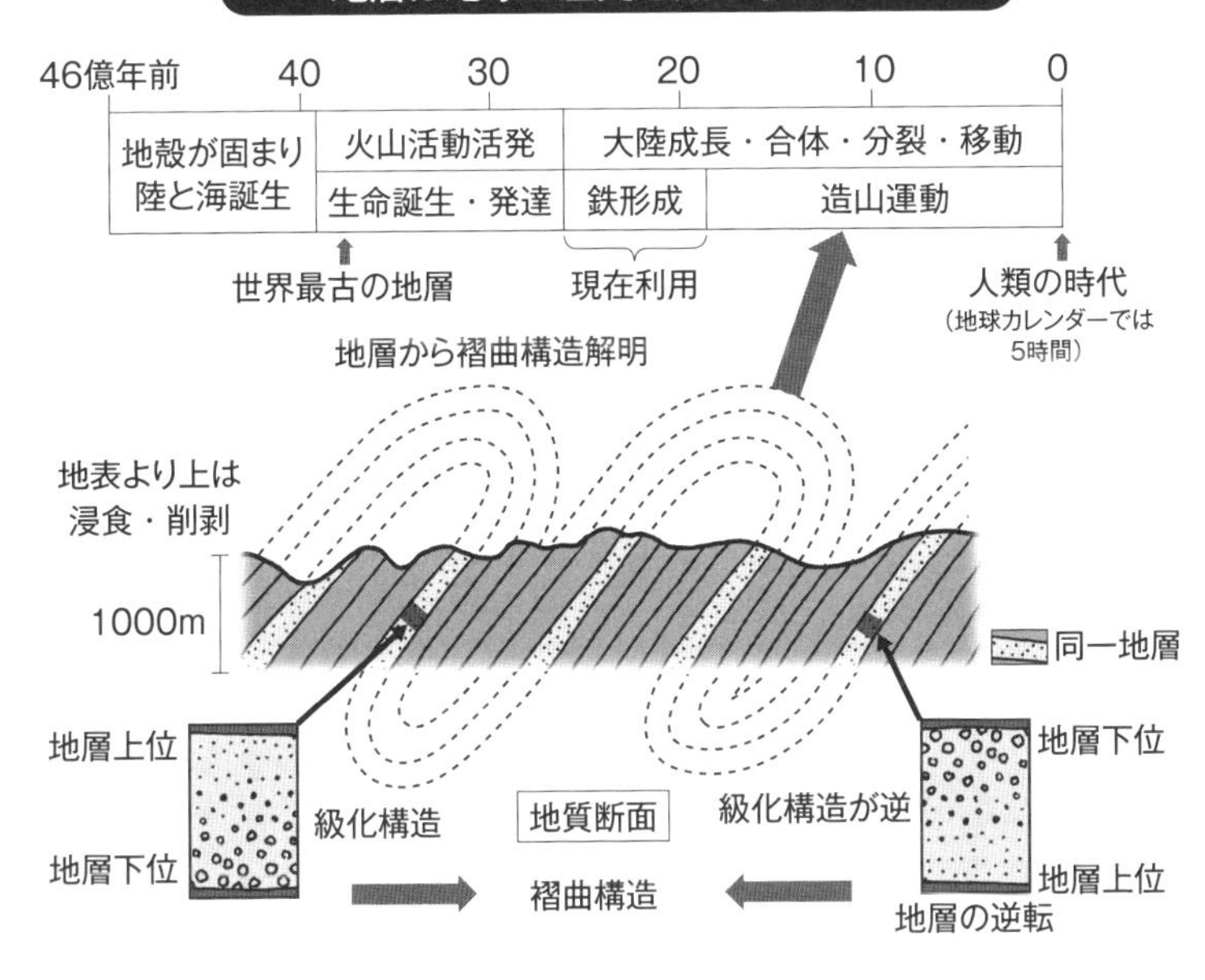

入ってから猿人が登場します。最初の原人ホモ・ハビリスの登場は除夜の鐘5時間前で1分8秒前には農耕牧畜が始まりました。1万年前です。午後11時59分59秒に20世紀が始まります。

地球の長大な時間的スケールの歴史物語は、初期の地球が発生し、変化の連続で発展してきた道のりです。岩体と地層を構成する岩石の年代測定、地層に含まれる化石、地層中に記録された堆積構造と各地域の地質構造などが判断材料となります。放射性元素の年代測定による絶対年代と化石の生物進化系統による時代区分と造山運動、火成作用、プレートテクトニクスなどを組み合わせて解明します。歴史を記録する地層は、地球史を組み立てる鍵となります。造山運動で地層がひっくり返っても地層累重の法則と級化構造によって地層の逆転を化石と組み合わせて正しい時間に位置づけます。地層から人類のスケールを超えて時間を知ることができます。

17 堆積した時の環境を知る
——水流の痕跡も手掛かりに

堆積物が堆積する場のいろいろな条件、例えば地理的、物理的、化学的、生物的といった諸条件を含め、これを〝堆積環境〟といいます。

地球の歴史の中で地層がどんな環境で形成されたか、堆積時の地形、気候、生物の活動、水流、堆積物供給地の地質などの特徴が過去の堆積環境を知る手掛かりとなり、地球の歴史の精度を高めていきます。また石油・天然ガスの探査のために石油が溜まっている貯留層と同時期にその周辺に堆積した地層の特徴を知ることは貯留層の三次元的な分布の推定を可能とします。さらに金属資源の探査に対してもその存在の可能性を示唆します。

堆積環境解析は堆積学的な手法と、古生物学的な手法があり、堆積学の手法は、堆積当時の古堆積環境と地層の分布を解析し、古生物学的手法は、有孔虫、プランクトン、花粉、藻類などの化石でこれら古生物の生息域分布から古堆積環境を推定したり、産出の出現度等から環境変化なども解析します。また、古生物によって堆積年代を知り、地層を区分し、他の地域の地層との対比によって調査地域の堆積環境を広く多角的に明らかにしていきます。

地層をつくる堆積の場所は多様です。海岸海域、浅海、半深海、深海や陸上であれば河川、湖沼、砂漠、デルタなどです。河口に近い位置で堆積したもののほど粒度が荒い砂、離れるに従い細かくなり、シルト、粘土が多くなります。生物源であれば、泥炭

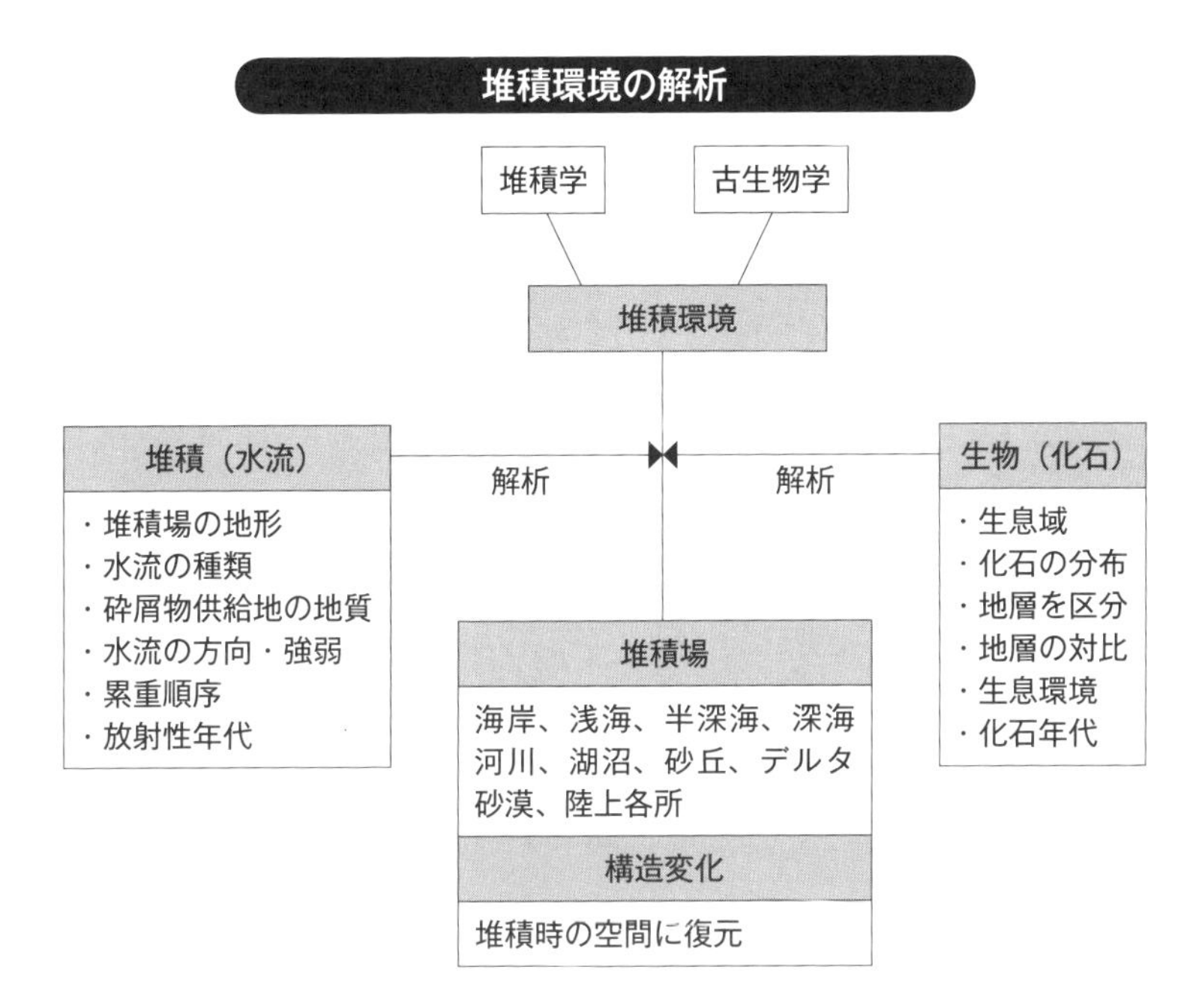

地での石炭や深海での微生物によるチャートなどになります。

堆積環境の解析のためには、崖や、道路脇の切り割り、川岸などで地層が観察できる露頭というところの調査をします。堆積環境を知る一つは水流ですが、地層に記録される水流の跡で、堆積時の場所や堆積地の地形、水流の強弱、方向、砕屑粒子の供給地の方向などを解析から得ることができます。しかし、地層は形成した後、埋没してやがて造山運動により陸化しますが、地層はこのような運動で傾斜しますので、堆積時の状態に復元しなければなりません。そのためには断層や褶曲構造、地質などから解析を行い、水平方向の移動と垂直方向の移動に関するデータを3次元的解析に繋がるように得ていかなければなりません。この水流のデータに化石などのデータを組み合わせます。時代が古くなるほど地質現象が複雑になるので、解析も難しくなります。

18

地層の法則
――地層累重の法則と不連続（不整合）とは

地層は時間とともに積み重なっていきます。そして「地層累重の法則」によって重力にしたがって整合の関係で連続して形成されていきます。その連続性が終了し、造山運動にともないながら堆積して地層が累積していた場所が隆起していけば海退となり地層は陸に現れ、風化・削剥の対象になり、浸食されていきます。この浸食された地層が、沈降により堆積物が溜まり地層が生成される海進の環境になれば、新しくできた地層と削剥されてしまった古い地層の境界は不整合で、時間的不連続が生じます。この時間的不連続は長い地球の歴史において頻繁に繰り返されます。古生代の地層に海進によって、新しい現世の堆積物の地層が累重すれば、1億年以上の長い時間的な欠如となります。このような不整合の関係は地球のダイナミックな動きの現れです。

地球の歴史は、大陸が発生し分裂し、移動し、合体し、海洋プレートによって海底に形成された地層が移動し、大陸プレートの下にもぐりこんだり、大陸に付加したり、マグマが上昇し、造山運動が起こり、火山噴火が起こったり絶えず変動しています。このような変動は、大陸レベルの大きなスケールとともにそれに連動して身近なスケールでも起こっています。「ジオパーク」でもその動きの一端を観察できます。不整合も数万年、数十万年単位で発生しています。地層累重の不連続は地球の活動における安定から「変動」があったことを示しています。

沈降、隆起と不整合

沈降しながら堆積　地層累重Ⓐ → 海進

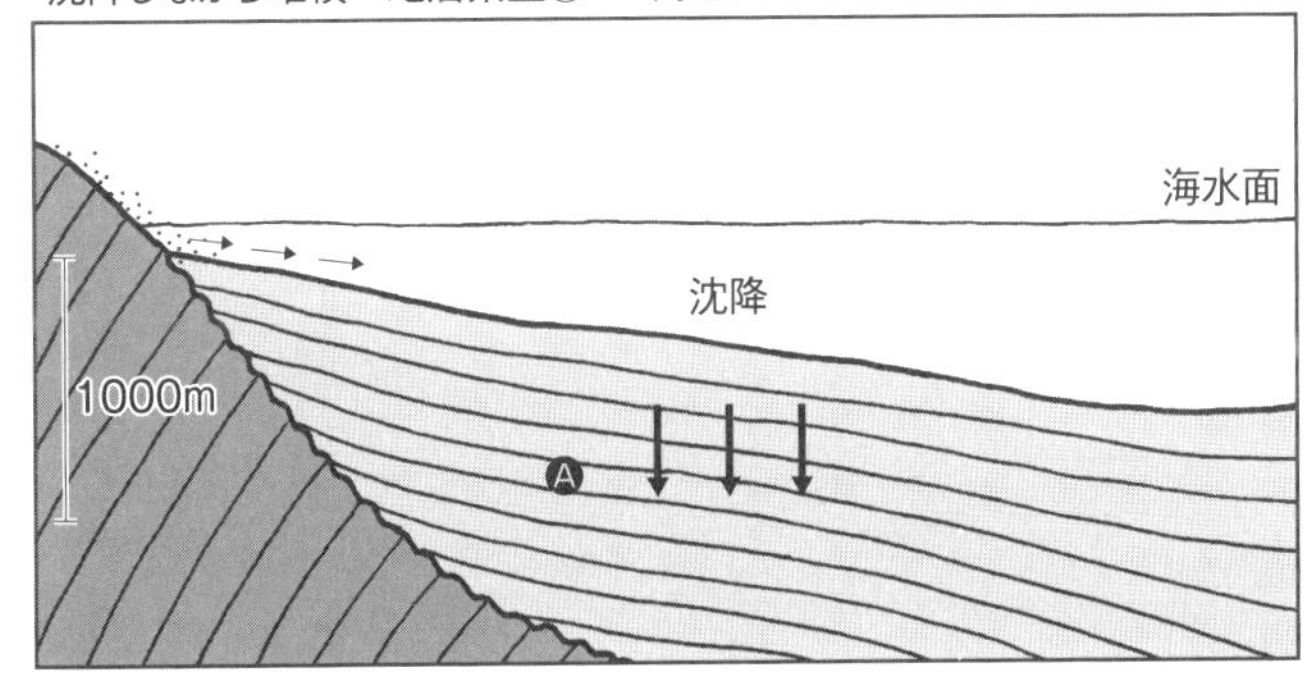

隆起しながら陸化、地層が削剥Ⓐ → 海退

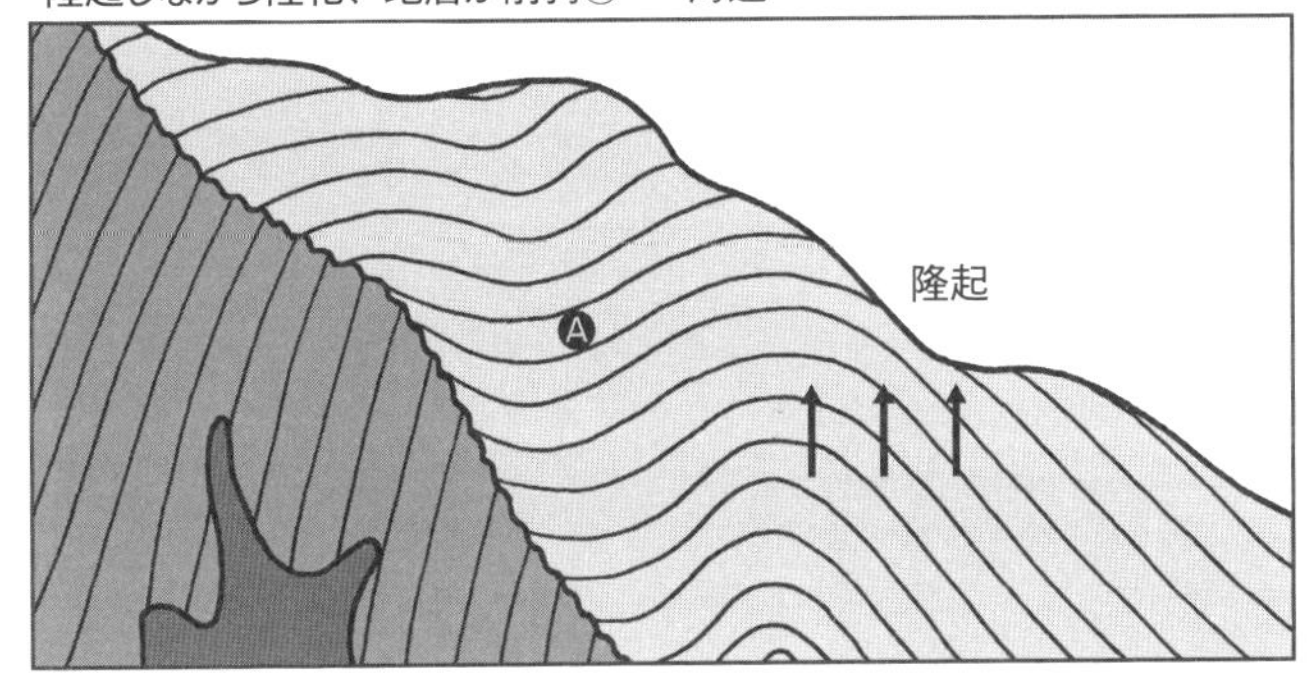

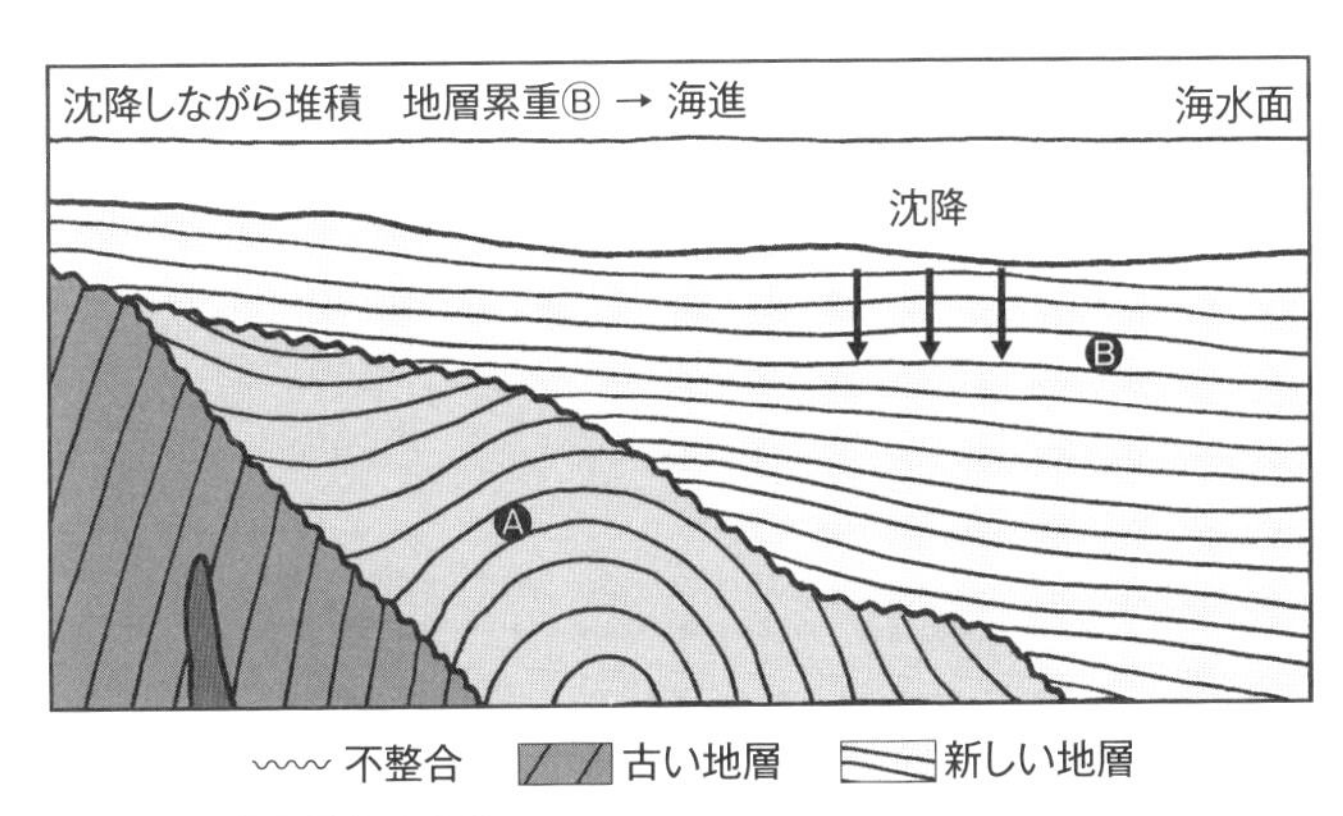

不整合　古い地層　新しい地層

花崗岩体

19

構造運動が地層に刻まれ、活断層も地層に表れる

造山運動など構造運動を受けながら地層は圧縮・引っ張り（張力）・ずれ（せん断）などの応力を受け変形し、断層や褶曲を形成します。地層はこのような構造運動の影響を刻んでいます。

地層には地下であらゆる方向から力がかかります。外から強い力が加わると地層が歪み、その力に耐え切れなくなり地層に亀裂が発生し、亀裂に沿って両側がずれ「断層」ができます。断層には「正断層」、「逆断層」、「横ずれ断層」があります。「活断層」は、200万年の間に活動した断層です。

正断層は上下方向に圧力が、横方向に張力が働き形成されます。逆断層は横圧力がかかり上下方向に張力が働き圧縮の力がかかった証拠になります。地層の食い違いが生じた面を断層面といい横ずれ断層は、断層面の両側が水平方向にずれた断層です。

これらの断層面周辺の地層は断層を発生する力が大きいと破砕され、地層（岩石）の破片が断層の隙間を埋める状態をつくります。これが断層破砕帯で、砕かれた岩石破片の間にしばしば大量の地下水を含みます。破砕帯の幅は、数十メートルに達する場合もあります。破砕が進むと、岩石の破片が粉砕され粘土で充填された状態となります。

地殻変動などの構造運動で地層は、強い圧力で曲がります。褶曲は、固結した地層に左右からの力が加わり曲げられた状態になる作用です。

地層が隆起し山のように持ち上がった形になる構

地層に表れる構造運動

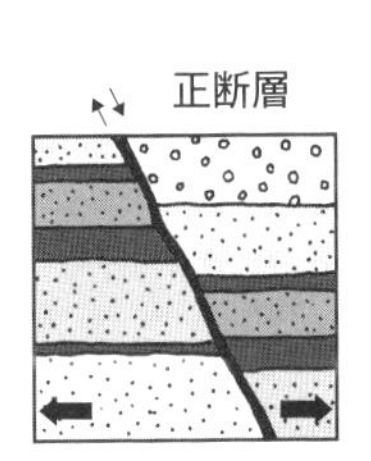

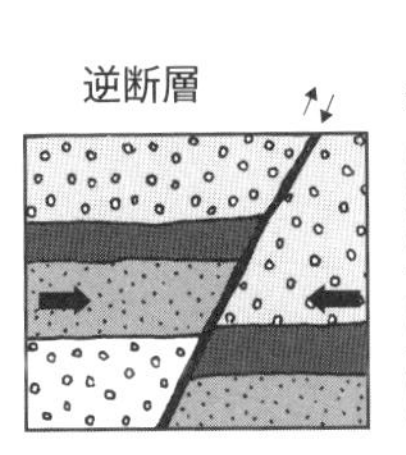

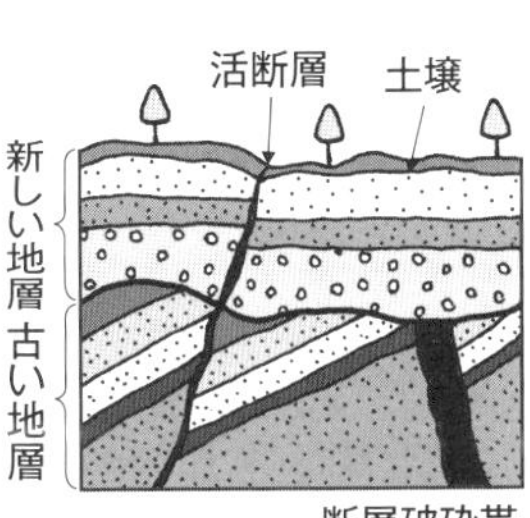

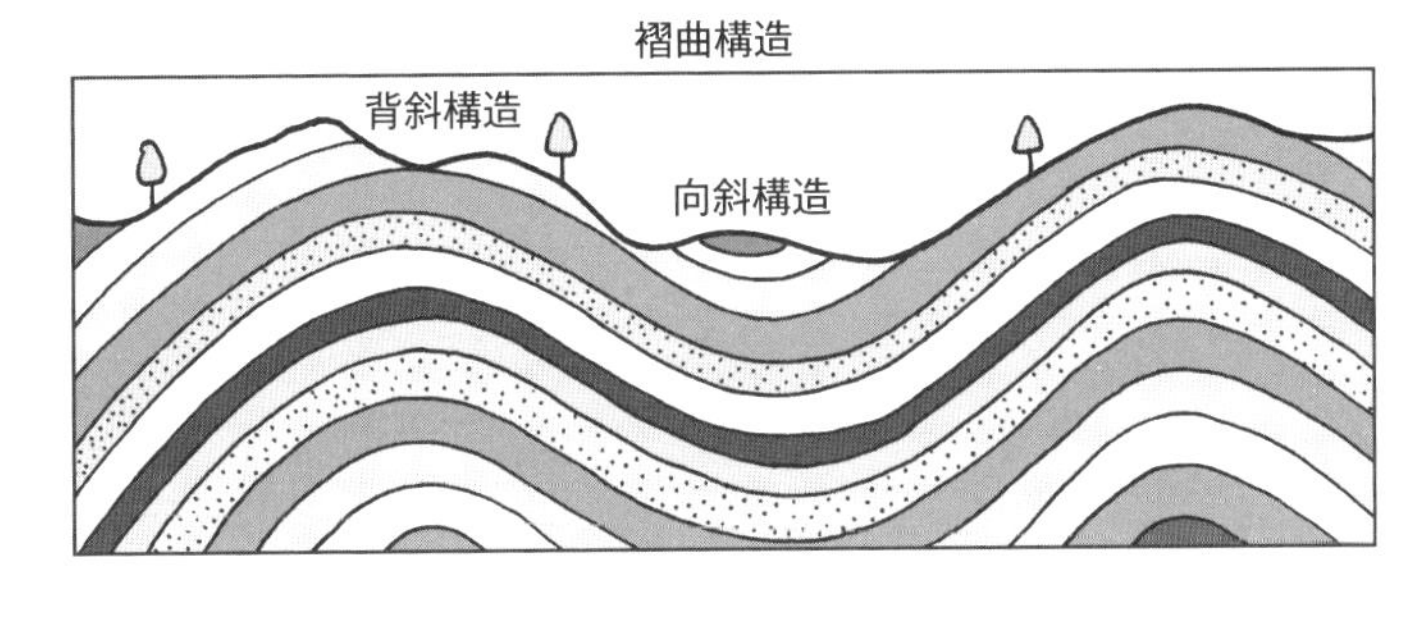

造を背斜構造といいます。逆に谷のように凹む沈降を向斜構造といいます。背斜と向斜はセットでつくられ、地層が波うって曲がっている状態です。

地層を観察すると単層単位でも累層単位でも断層面を境としてその左右で地層のずれが見られます。単層のずれは3次元的に断層面を露出させれば落差も測定できます。数ミリメートルから数十メートル、数百メートルあるいは数キロメートルに及ぶこともあり不整合も見られます。この不整合の上に重なる地層に断層が及んでいなければ不整合ができる前に形成された断層です。

活断層は空中写真の判読、地形の観察、トレンチ調査（地面をプールほどの大きさに掘り起し側面の地層などを観察）で判読します。活断層も地層に表れますので、現在の堆積物や地層にずれが観察できるかが活断層の判定のポイントです。活断層の調査が地震の原因解析になり、防災にも重要です。

20 火山活動や環境変化が地層に表れる

地殻変動にともなう構造運動は火山活動の要因となり環境変化にも影響を与えます。

火山噴火の砕屑物は地層を形成します。過去の火山活動の証拠が地層として記録されます。噴出した火山灰は長く空中に留まれば気温を下げ、気候や生物の生息環境を変え、農作物も影響を受けます。火山噴火の中でも「破局噴火」は地下のマグマが一気に地上に噴出する壊滅的な噴火でカルデラの形成をともないしばしば地球規模の環境変化や生物の大量絶滅の原因となります。鹿児島県本土の52%を占めるシラス（白砂）台地は火砕流台地で、シラスや溶結凝灰岩などの地層からなります。

火山噴火が頻繁に起こると大気中に多量の二酸化炭素、火山灰・塩酸・二酸化硫黄などが放出され大気に浮遊し、二酸化硫黄は化学反応を起こして地表から10～20キロメートルの下部成層圏に長時間留まり太陽光を反射し、吸収して気候を大きく変化させ、生物生息環境が変わります。そしてその変化は化石によって地層に記録されます。

環境変化のなかでも地球史の大事件の1つは「恐竜の絶滅」です。三畳紀から白亜紀と2億年ほどの間、恐竜が大繁栄しましたが6500万年前に完全に姿を消し、哺乳類、爬虫類、鳥類の多くが絶滅しました。原因は巨大隕石（直径10キロメートル）がメキシコのユカタン半島に衝突したためだとされ、直径180キロメートルのクレーターが確認されて

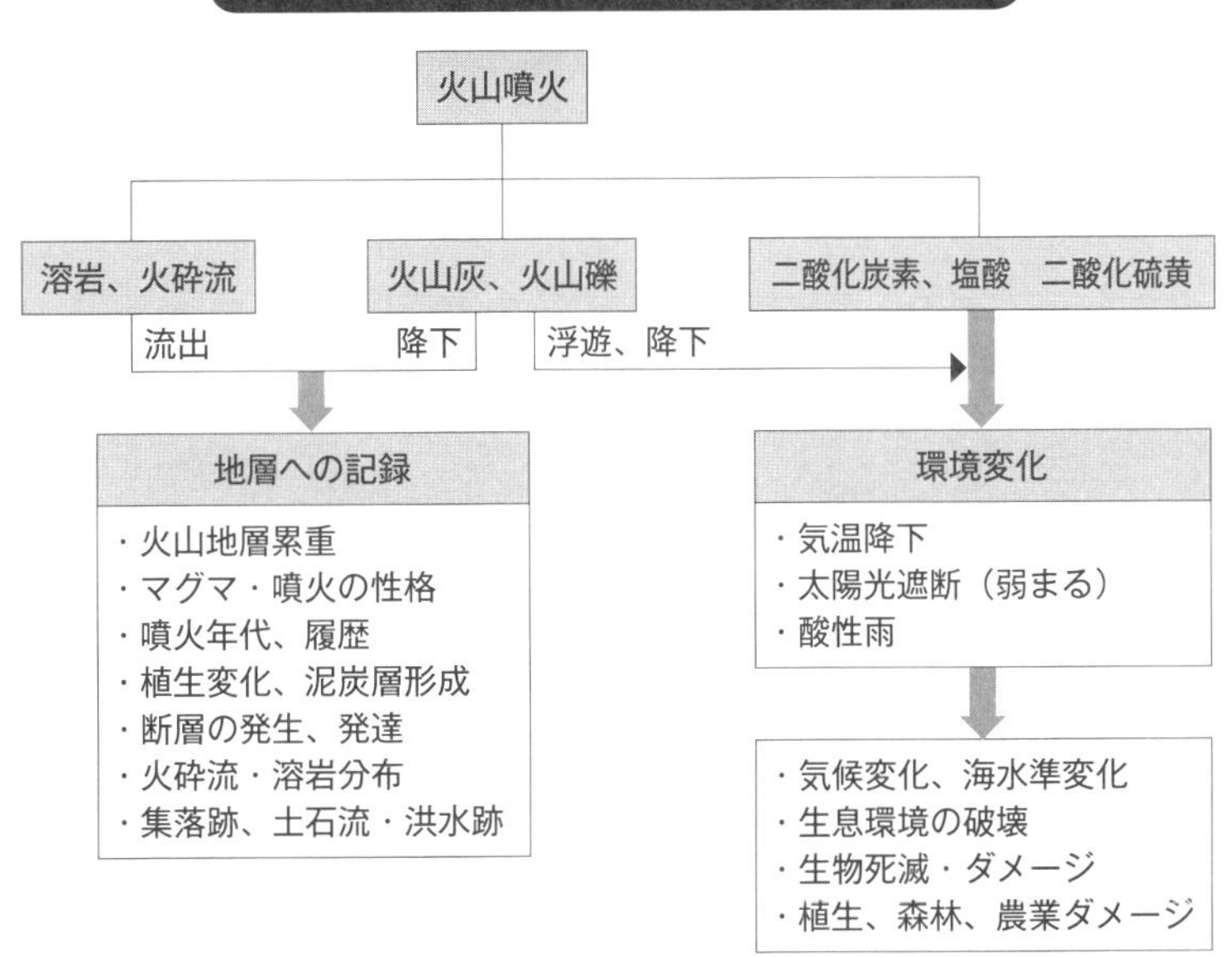

います。この隕石の衝突は、広島の原爆の30億発に相当するようなエネルギーを発生し、粉塵は地球を覆い太陽光を遮断し、光合成を阻害し、酸性の雨が降りつづき、植物は枯れ、食物連鎖も崩壊しました。白亜紀と第三紀（新生代）の境界の地層には白金族元素の一つでレアメタルのイリジウムが20～160倍に高濃集し、隕石からもたらされたと考えられ、世界各地の同時期の地層に含まれています。この隕石衝突説は有力ですがまだ解明されていません。種のレベルで75％の生物が絶滅したといわれるこのような環境変化も地層に記録されています。

構造運動にともなう海水面の変動も気候変化や堆積環境の変化をもたらします。地層中の底生有孔虫の分析や花粉分析など生物相の変化から環境変化が読みとれます。現在東京湾には、汚染物質が流入し、堆積物に重金属を含み、生物群集が変化しています。この人為的な環境変化も地層に残されます。

21 地質図はどのようにつくられるのか

地表下の地層や火成岩などの地質状況は直接見ることができません。地質調査によって得られた情報から地質構造を解析した結果を図面に表示したものが地質図です。地表は土壌など表土や草木に覆われ、露頭が少なくても地質図では表土や植生がない状態の、地層や岩石類の分布を限られた情報から表します。足下の大地がいつ頃の地層でできているかなど実際には地層や岩体（花崗岩など貫入岩のこと）が見えなくても表土を剥がした状態を記号や色を用いて各種縮尺の地形図の上に表現します。

野外の地質調査が地質図の基本となり、地層や岩石類の分布と構造、断層や化石、鉱物の産地などを露頭調査をしながら点にすぎなかった調査情報を増やしていき、地層や岩体の分布を面としてつながるように、地質構造が立体で描けるように、調査精度を高めます。得られた地質情報の量やその精度に応じて地層や岩体の分布を、地形図上に表現します。

各種地層、岩体を、それらの種類や堆積時代、形成年代、累重関係に基づいて分類し、断層や褶曲等から地質構造を解析します。地質調査から得られた情報には堆積学、層序学　岩石学、火山学、古生物学、構造地質学等の知識も必要になります。地質図は平面図として、地層と岩体の分布を地形図に描くとき、三次元の地層が復元できるように調査地域の地質構造発達史を組み立て、地質図上の任意の線上を輪切りにする断面図を描きます。

地質図をつくる

準備

周辺地域の地質図、地質情報、地形図、調査道具（クリノメーター*、ハンマー他）

※クリノメーターは地層の連続方向・傾斜を測定

現地調査

調査ルート設定、ルート毎に露頭の地質調査、観察、岩石、化石の採取　調査をし通して露頭の調査数を増やし、点→線→面の情報を取得

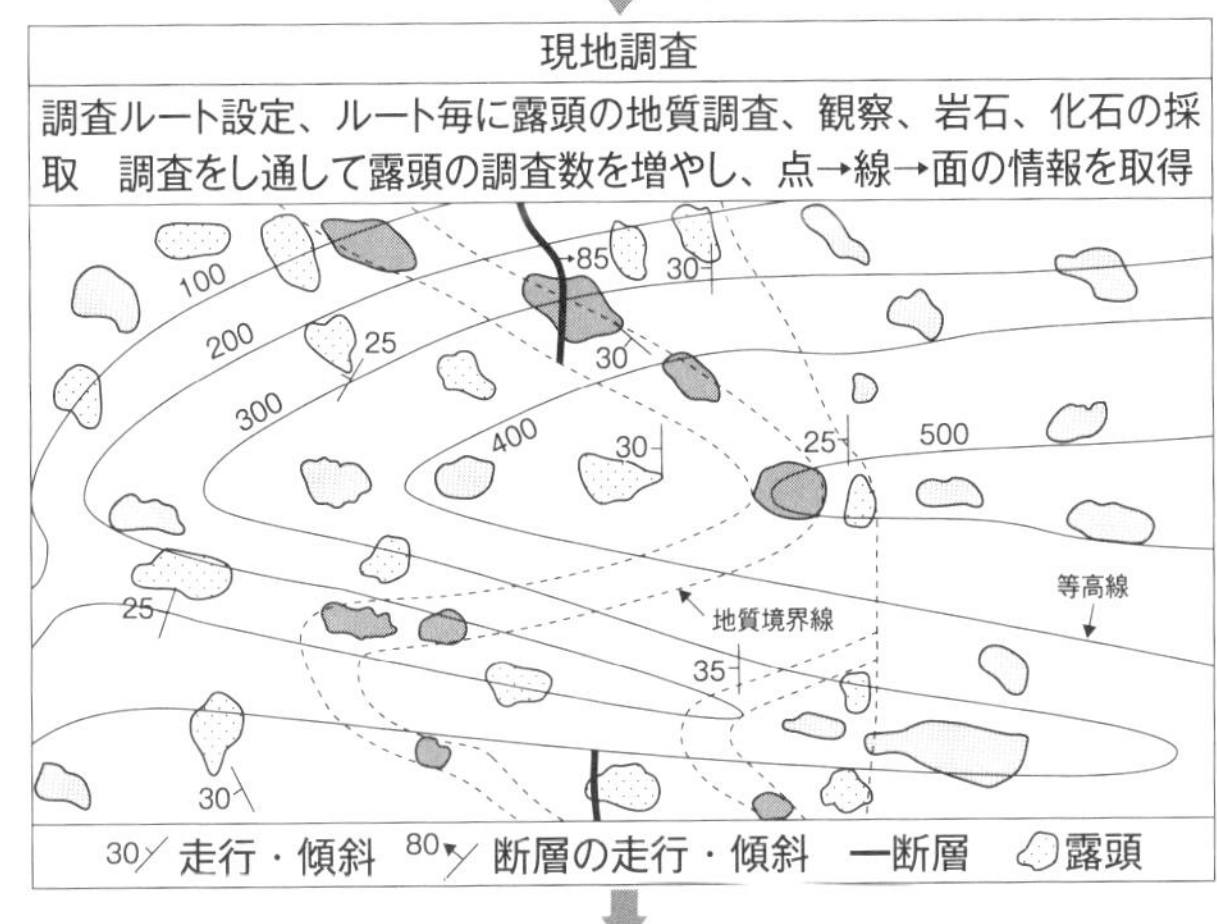

解析、研究、地質図作成

地層の上・下、地層の堆積順序、地質構造、岩石の同定、化石の同定、周辺地質との対比

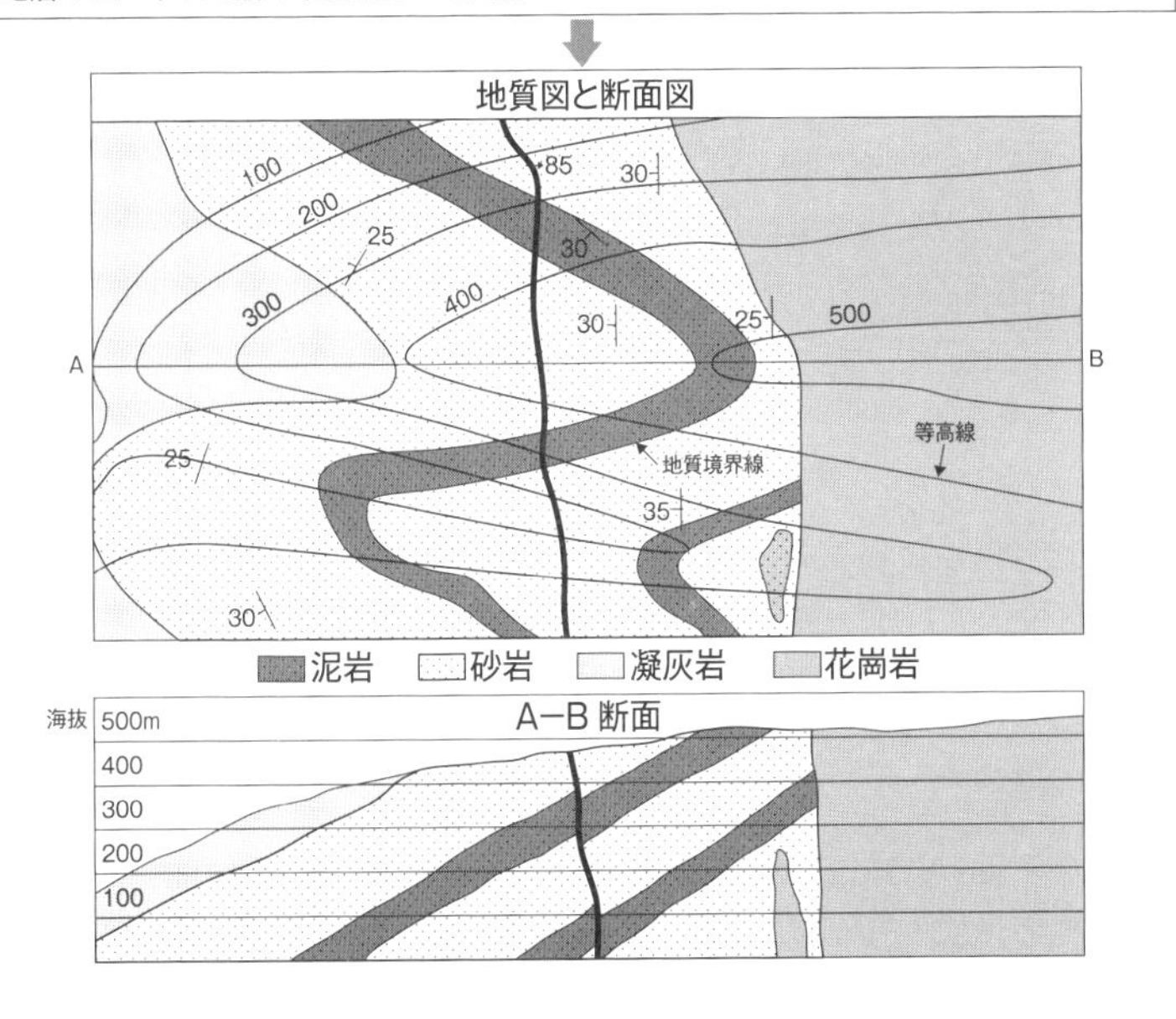

22 地質図の見方
——何が読み取れるのか、なぜ地質図が必要か

地質図は世界各国で国の機関から発行されています。500分の1～2500分の1を大縮尺、1万分の1～5万分の1を中縮尺、10万分の1より小さい場合を小縮尺と区分していますが、小縮尺しか発行していない国も少なくありません。

日本では5万分の1、7万5000分の1、20万分の1　50万分の1の各地の地質図（地質図幅ともいいます）、100万分の1の日本地質図など地質調査総合センターから発行されています。

地質図の多くは、国土地理院の地形図が基となります。5万分の1地質図幅が基本で既存のデータを編集して小縮尺の地質図などが作成されます。

地質図は地質図、凡例、地質記号、断面図から構成されています。凡例で、地質図上で色分けされた地層や岩石類（岩体）を地質時代、地層名・岩石類（岩体）名などを地質図上で色や模様や記号で区別できるようにします。地質記号とは、地質図上で色分けされた地層や岩体の分布と構造を記号化して表したものです。地層や断層の走向傾斜（どちらの方向に連続しているか、地下へむかってどのくらいの角度で傾斜しているかを示す）、褶曲構造や火山噴出物なども記号で表します。鉱床や地層や岩体が地下からの熱水により変質するところや鉱山及び温泉の位置、化石の産地なども記号で示されます。これらと地質断面図から地域の地質構造の特徴を読み取れます。地形図を利用するので、等高線、河川、道

地質図の見方

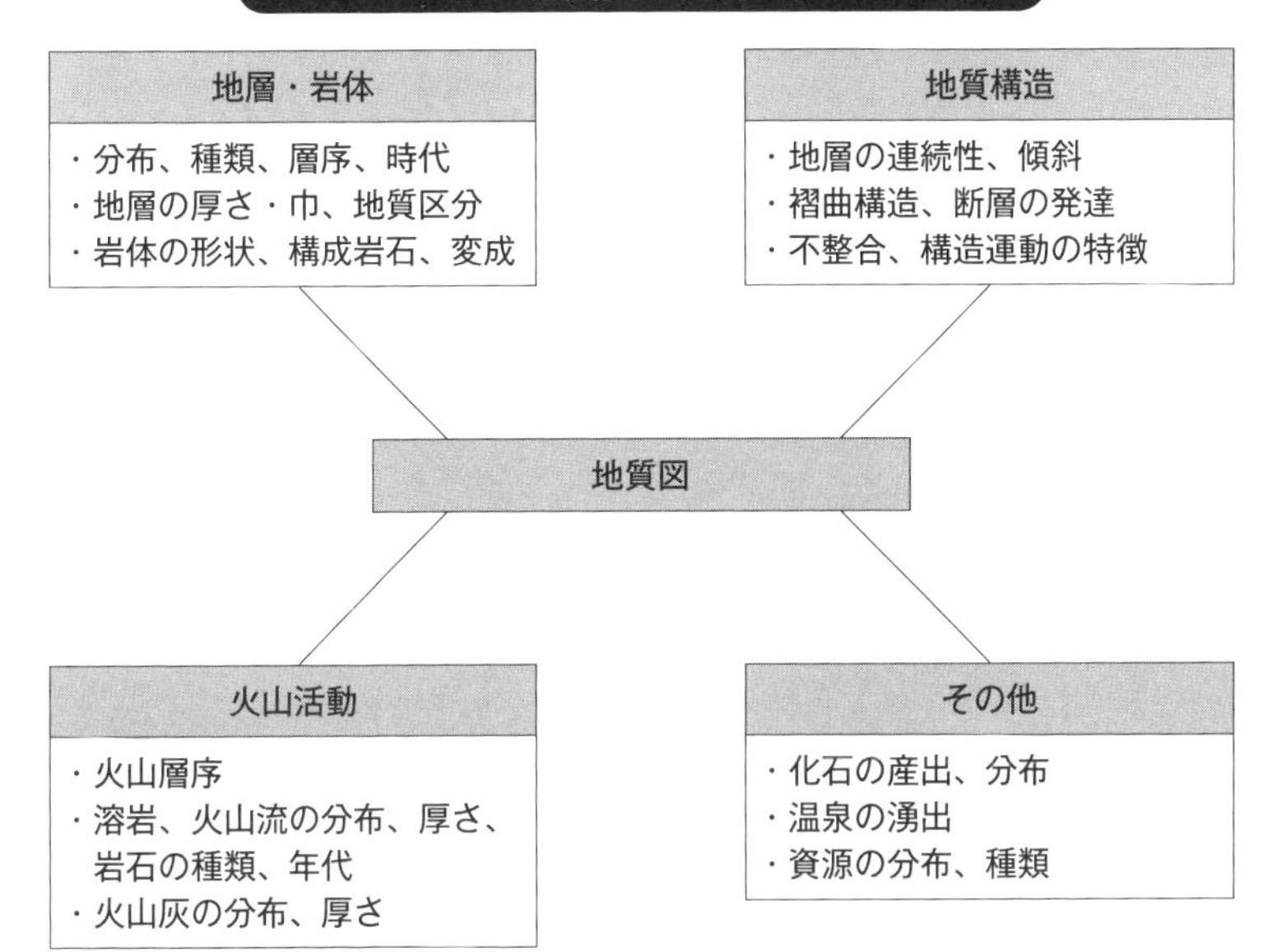

地質図の主な凡例・記号

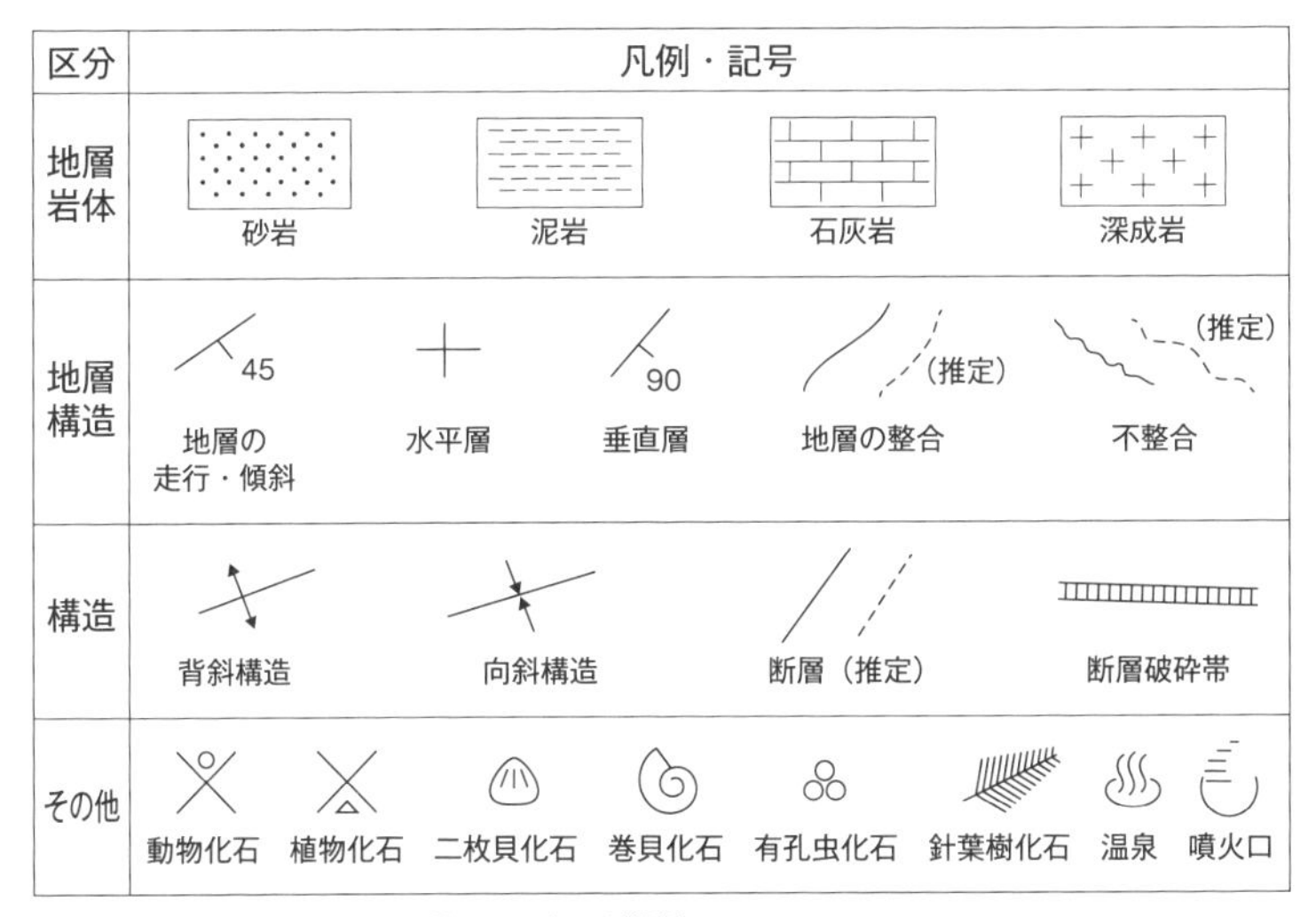

・地質図の凡例、記号は、万国共通ではないが類似
・日本では国の機関、JIS、地質団体で多少相違はあるが、ほぼ共通

地質図の精度向上

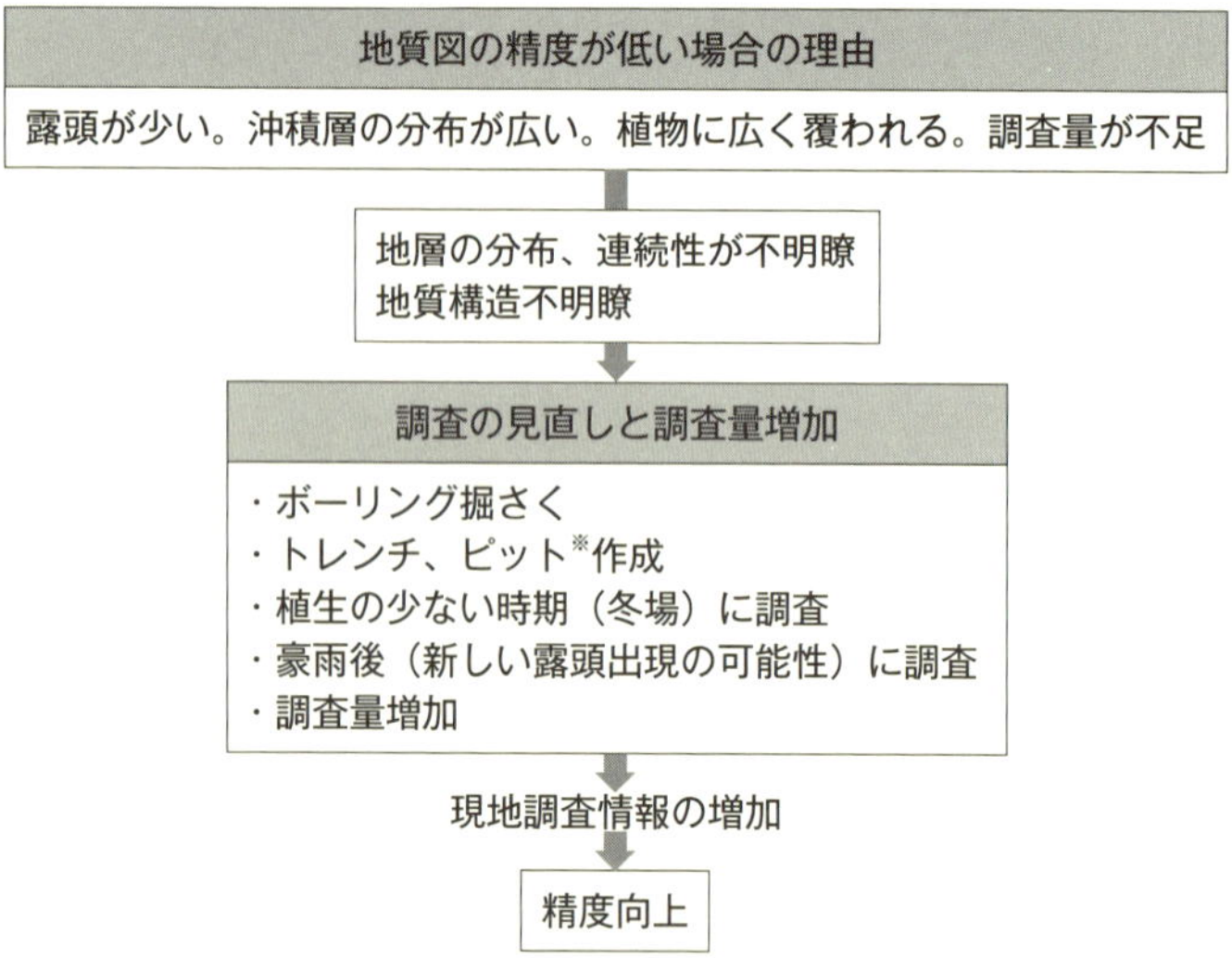

地質図の精度が低い場合の理由

露頭が少ない。沖積層の分布が広い。植物に広く覆われる。調査量が不足

↓

地層の分布、連続性が不明瞭
地質構造不明瞭

↓

調査の見直しと調査量増加

・ボーリング掘さく
・トレンチ、ピット※作成
・植生の少ない時期（冬場）に調査
・豪雨後（新しい露頭出現の可能性）に調査
・調査量増加

↓

現地調査情報の増加

↓

精度向上

※径１ｍほどの穴を地面から数ｍ掘る

路、集落、地名も記入されています。地層は地質時代に基づいて区分されます。累層が基本単元となり模式的な地域や場所の名前を地層名にしています。火山の噴火履歴や噴出物の分布、年代などを火山地質図として発行しています。火山の過去の活動や年代、最近の活動などの特徴が読み取れます。

地質図は作成時の調査からの情報量や地質学的知見が土台となります。調査量を増やし情報量を増加すれば精度（確実度）が向上します。また時がたつと知見も増え、地質図の見直しが必要となります。

地質図は、科学的に地球の歴史や発達を明らかにするために、金属や石油、天然ガス、地熱、地下水など必要な地下資源の開発のため資源の存在可能性を探査する基礎的な資料として必要です。また土地の利用や土砂崩れや火山噴火や地震などの災害防止のため、原子力発電所などの建造物の立地評価、自然汚染などの環境対策などにも不可欠です。

23 地質図は土木、災害防止、資源探査の水先案内人だ

地質図は、土木、災害防止、資源探査にとってまず最初の出発点になり、どのように具体的調査や探査をしていくか、大局的な指針が得られます。

鉱物資源やエネルギー資源等の地下資源の場合は資源の存在に関係するような兆候があるかどうか、どこを探したらいいのか、その選定に地質図を読み取り、情報を取得します。まさに〝水先案内人〟の役割です。資源調査が始まれば「資源調査地質図」を大〜中縮尺の1万分の1、5000分の1でつくっていきます。開発に至れば2000分の1、500分の1のような大縮尺の鉱床地質図をつくり、鉱床と周辺の地質構造を3D画像に表します。

トンネルや地下鉄、鉄道、道路、ダム、原子力発電所などの土木建設工事では、まず適切な候補地の抽出に地質図を用います。断層の発達、活断層の場所、地層、岩体の分布から候補地を評価します。

次に大縮尺の土木地質図をつくるための調査を行い、候補地の選定や工法の検討をします。土木地質図は建設計画にとって重要で、目的の構造物にあわせ、岩盤の強度や風化度、割れ目や断層からの湧水状況、断層の破砕帯の状況などを調査してデータを取得し、土木地質図に記入します。土木地質図は工事計画、設計、施工、管理にも利用されます。建設予定地に活断層が存在すれば、トレンチを掘り、地上より数メートルの深さの詳細調査を行い、10分の1〜100分の1のスケールの活断層地質図を作成

地質図は各種調査の水先案内人

地質図 ➡

区分	調査のポイント	調査内容	利用
土木	・断層の発達 ・活断層 ・地層・岩体の分布	・トレンチ調査・観察 ・岩質強度、風化状況 ・断層、湧水状況	・構造物工事場所選定 ・設計、施設管理 ・リスクマネージメント
災害防止	・火山噴火履歴 ・火山累層の分布	・火山噴火示徴 ・地形と堆積物	・危険地域選定 ・避難ルート場所選定 ・観測体制・場所選定
	・地すべり、崩落ケ所 ・風化状況	・岩盤状況 ・地すべり地質・観察	
資源探査	・鉱化作用の存在 ・変質帯 ・火成岩の分布	・鉱化、鉱床分布 ・断層システム ・地化学異常帯	・探査計画 ・鉱床予想 ・鉱区の選定

し活断層の影響及び周辺の地層の特徴を明確にし、活断層を評価します。ダムの場合は岩盤状況を詳しく知るためトンネルを掘り調査をします。

地質図には断層が描かれ、火砕流の分布、崩落やガレ場なども規模が大きければ示されます。そのため地質図から自然災害などが発生しそうなところを見出せます。地震や火山の活動で土砂災害が起こりそうな場所を抽出するために地質図は有用です。危険でリスクのある地域や場所に対して災害予防のためにハザードマップを作成します。そのためには大～中縮尺での地震や火山の噴火、土砂災害などの自然災害の予知や対策（防災）を立て、各災害のリスク回避のため、目的に応じた詳細な地質図を作成し、ハザードマップに利用します。火山活動の観測所・監視所などの体制つくりにも必要です。

このように5万分の1地質図幅は〝水先案内〟として多様な目的に使用されます。

第4章

生きている地層

24 常に地層はつくられている⁉

岩盤の風化・削剥は常におこなわれています。短い時間ではその変化はわかりませんが、数年単位で見ると、山の崖をつくる地層も岩体も少しづつ形を変えています。火山の崖では変化はより顕著です。

富士山の上部にはたくさんの谷が刻まれています。「大沢崩れ」といわれる谷は日本最大級の谷といわれ、谷の幅500メートル、深さ150メートルに達し崩れながら浸食され、火山岩の礫が砕かれ砂、泥とともに雨によって流され土石流として川に運ばれていきます。1つの谷からだけでも1年に30～40万トンという量が流出します。山は常にこのように浸食され、地層をつくる原料の供給源となります。山に限らず海岸の崖も波に砕かれながら砕屑され、砂漠でも気候の影響を受け、岩石や地層が風化・削剥され、風で運搬され、高原でも同様に長い期間にわたって岩盤を削り将来地層となる原料がつくられています。氷河でもその移動で地表が浸食され削られ、礫、砂、泥が運搬され 堆積します。

このような砕屑粒子は運搬されながらいったん堆積します。そこでさらに堆積物に覆われれば地層になりますが、多くの砕屑粒子は湖底や海底に移動し地層をつくります。地層は水流によって削られ再移動し、ときに混濁流となり堆積物が大量に再移動し、流速が減速すると堆積し、地層を形成します。

大陸棚や斜面にいったん地層が形成されて地震などの発生で海底地すべりが発生し混濁流となり、よ

地層は生産されている

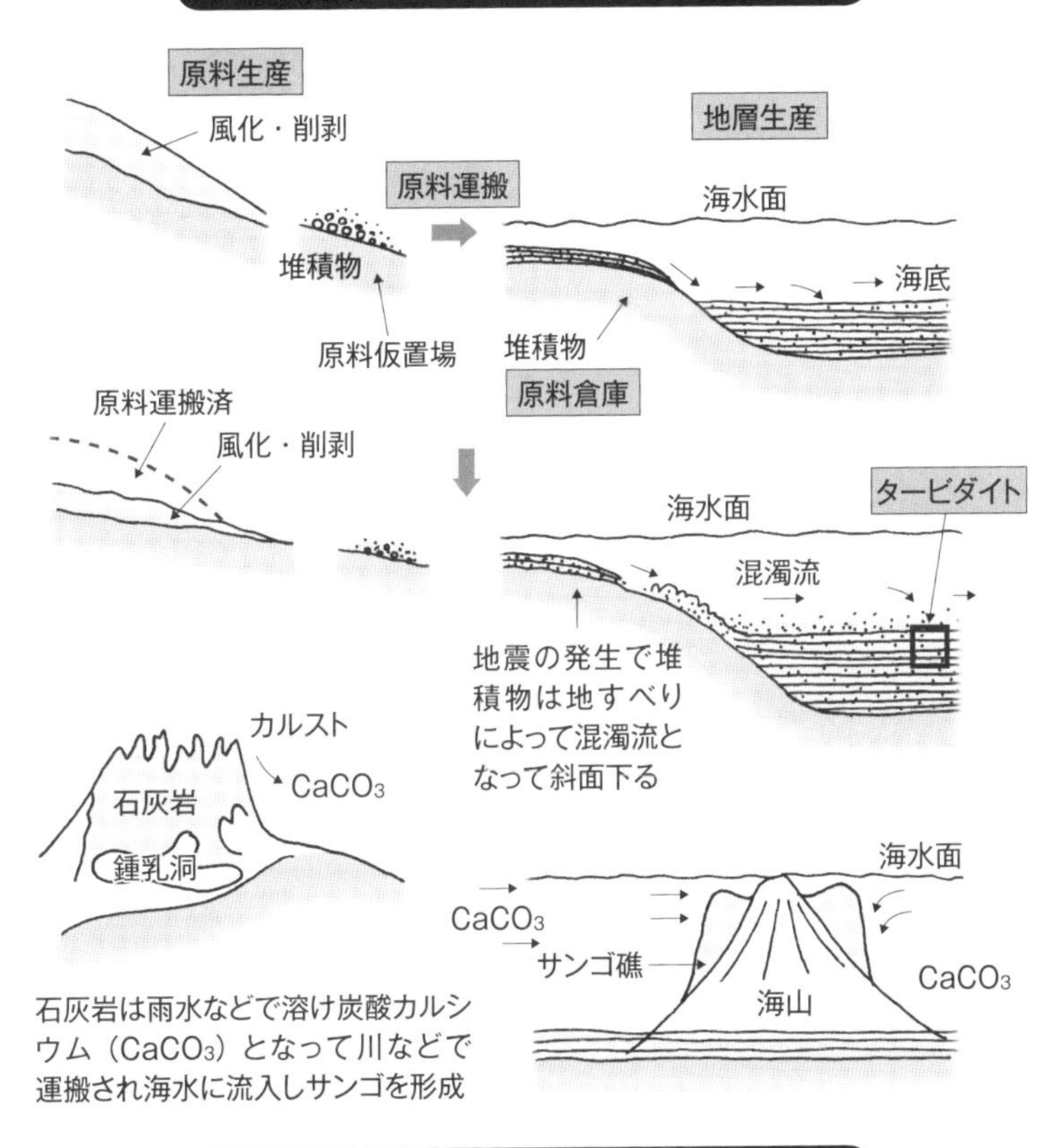

タービダイトの形成

海水面

大陸棚

混濁流

大陸棚斜面

A

A

海底

タービダイト
砂岩と
泥岩の互層

級化構造

1 回の混濁流で一枚の単層の形成

り深い海底に急激に流れ、時には厚さ数メートルも瞬間的に堆積します。混濁流が海底谷を下り、深海底に形成された地層がタービダイトです。異常堆積物で級化構造をもつ砂質部の単層と規則的な葉理をもつ泥質部の単層が形成され、この砂層と泥層が繰り返し重なって発達し、互層をつくります。混濁流による堆積物の特徴です。混濁流の発生は間欠的に起こるため、砂と泥の地層が交互に層を形成します。混濁流の発生の原因は地震にともなう海底地すべり、津波、海底火山噴火などが原因で地層は厚く累重していきます。川から沿岸、大陸棚、大陸棚斜面で地層を形成し、最後は深海底で互層をつくります。これらの活動は絶えず行われています。

活動中の西ノ島のような海底火山も火山噴出物によって常に火山周辺、深海底で地層が生産されています。山腹斜面の堆積物も噴火による地震からの地すべりで海山の裾野に堆積し地層を形成します。周辺の深海底でも火山砕屑物の極細粒粒子は海中に浮遊し、時間をかけ海底に堆積していきます。

石灰岩の主成分の炭酸カルシウムは水で溶けます。鍾乳洞、カルスト地形などは雨に溶解しながら化学的に削剥され、流され、海水に炭酸カルシウムが流れ込みます。飽和状態になるとサンゴ、石灰藻などの生物の殻になりふたたび石灰岩を生成します。海底火山の島は石灰岩の生成で拡大します。しかし、大気中に排出された二酸化炭素の3分の1は海洋に溶け、二酸化炭素が増加すると海洋は酸性化し、炭酸カルシウムの殻や骨を持つ生物にとっての生息環境を悪化させます。炭酸カルシウムを骨格とする生物が減少し、石灰岩の生成も減ります。

地層は環境の変化がなければ、つねに形成され累積していきます。しかし、陸上の岩盤が浸食され陸がなくなり、海が埋まることはありません、地層は動いており物質は循環しているためです。

Column

モンゴル恐竜博物館
――ゴビ砂漠は恐竜の楽園だった

モンゴル・ゴビ砂漠は世界有数の恐竜化石の産地として知られています。恐竜の絶滅は隕石衝突説が有力ですが、一方には気候変動説があります。インド大陸とユーラシア大陸が衝突し8000メートル級のヒマラヤ山脈をつくりました。今から1.5億年前の白亜紀です。この造山運動とともにインド洋からの暖かい湿り気をもった風が閉ざされ、モンゴルの気候は変化し、緑豊かな「恐竜の楽園（湿気の多い密林でしたが)」が、寒冷化しながら砂漠となりました。この気候変動で約6500万年前に突如として恐竜は滅びます。

1922年から1930年にかけて、米国の自然史博物館の調査隊をはじめいろいろな国によってモンゴルの化石発掘が行われ、恐竜の骨がゴビ砂漠から掘り出されました。細部まで保存状態のよい化石です。

モンゴルの首都ウランバートルの中心部に1924年に創立された自然史博物館にゴビ砂漠で発掘された恐竜が展示されています。

体長15メートル、体重5トンの大型の肉食恐竜「タルボサウルス」をはじめ植物食恐竜「サウロロフス」などの全身骨格や子どものタルボサウルス、巣の中で化石になったプロトケラトプスの幼児、鳥類への進化に関係する恐竜で初めて尾羽のつく恐竜など「恐竜博物館」といえるほど、白亜紀末期の多種類の恐竜が見られます。

ゴビ砂漠の湖成層とみられる地層に埋没していた恐竜化石ですが、中生代の気候変動のメカニズムの研究もなされており、恐竜の絶滅原因も解明されていくでしょう。

ゴビの「恐竜の楽園」は2014年から、金・銅の鉱物資源の開発で沸いています。

25 常に地層は動いている

地層が海底に何千メートルも累重していけば「海底は浅くなるのでは」と思う人もいるかもしれません。しかし、実際は海の深さはほとんど変化していません。日本列島を取り巻く海も砕屑物が大量に海に流入しても大陸棚の深さに変化はありません。

大陸もプレートテクトニクスで動いていることは今では当たり前になっています。しかしおおよそ50年前までは地層は大陸塊の周りにできる沈降地帯「地向斜」に地層が累積していくという考え方でした。1万メートル以上にわたり地層が海底の地向斜に厚く重なり地向斜は次第に沈降していき、地向斜が転じて造山帯になっていくという説明でした。上下からの力によって地向斜の沈降や上昇の造山運動が起こるということですが、そのメカニズムを矛盾なく説明はできていません。

これに対し、1912年ドイツの気象学者アルフレート・ヴェーゲナーは大地形、地質学、古生物、古気候、地球物理の証拠を踏まえ、大陸が動く「大陸移動説」を発表しました。その後現在の大陸の位置変化の実測により大陸移動説は検証され、大陸移動説のメカニズムが地球物理学者により提唱され、大陸移動説から発展したマントル対流をエンジンとして大陸が動く〝プレートテクトニクス〟が定説となりました。

海洋プレートがマントル対流で動き、プレートに載った地層がプレートに運ばれ、海溝に沈んでいき

地層は動いている

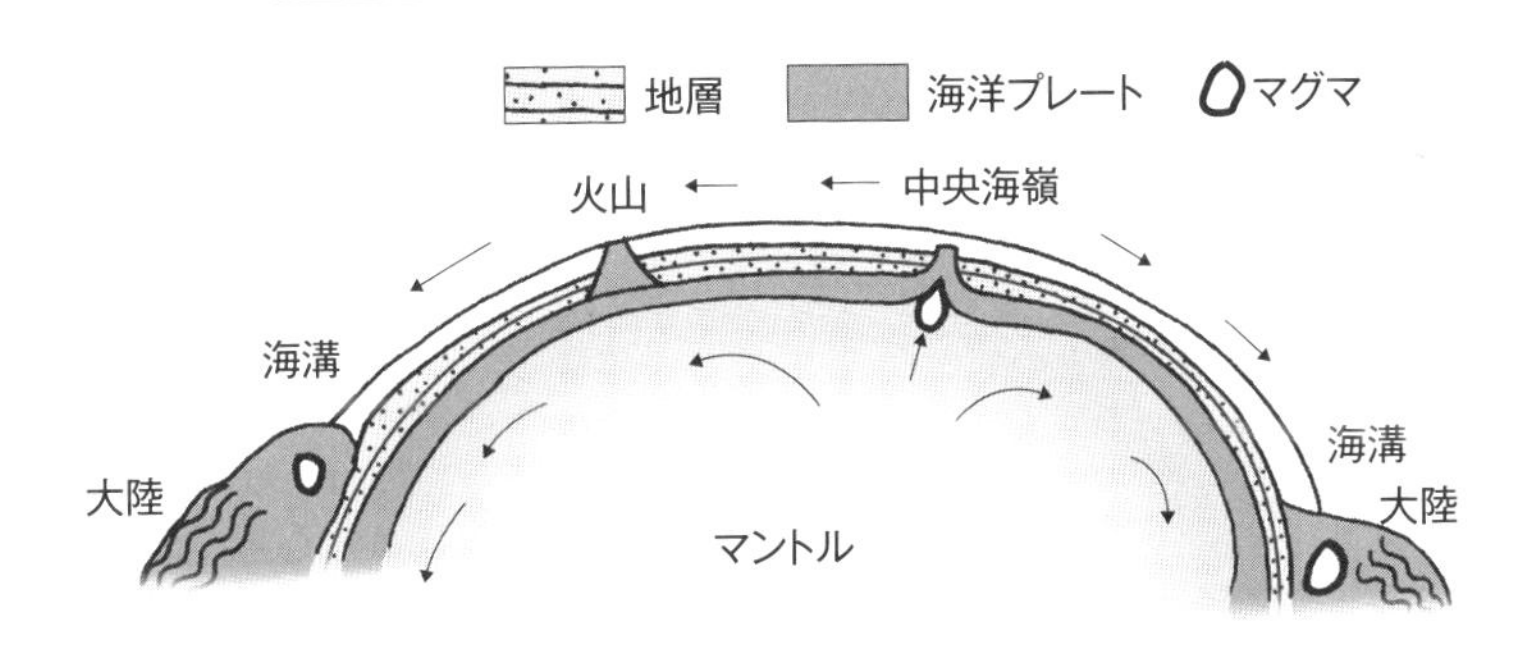

海底のいたるところで堆積物が累重し、地層となり移動する

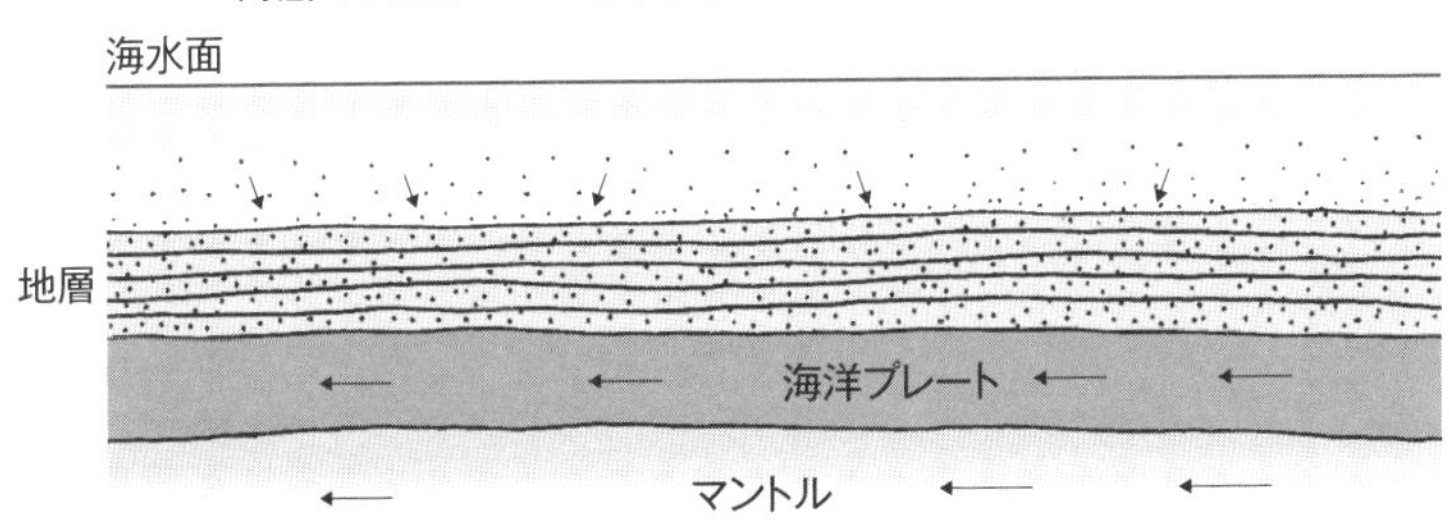

ます。

伊豆半島はフイリピンプレートがユーラシアプレートの下にもぐりこんでできましたが、伊豆半島の火山噴出砕屑物からなる地層は１５００万年かかり太平洋から１０００キロメートル移動してきました。約７ミリメートル／年というスピードです。身近に見られる地層もこのような海洋プレートの大陸プレートへの沈み込みによって常に動いていますが、場所によって動きに差があります。プレートの沈み込みは横圧力がかかり大陸を構成する地層や岩体の岩盤は変形し、曲がり、歪、岩盤の耐力の限界に達すると断層が生じ、地震が発生します。

マクロの動きは細部にも影響を与え、露頭オーダーでも地層の３次元的位置の実測により地層の動きが確認できます。

26 海底にも地層が累積する

陸から砕屑粒子が十分供給される海底では地層は常に形成され累積していますが、陸から遠ざかった海洋の海底でも地層は累積されています。

地球の表面は、20枚ほどのプレート（厚さ10～100キロメートル）と呼ばれる岩盤で覆われています。この岩盤は地層と火成岩などの岩体からなりプレートテクトニクスにより水平方向に常に移動しています。年間1センチメートルから９センチメートルくらいの速度で動いているとされています。マントルが対流し、プレートを動かしていますが、マントルが地下深部から上がってくる場所を中央海嶺といい、大規模な海底山脈で何千キロメートルも続いています。中央海嶺では、マントルが一部溶融し、角閃石や輝石を多く含む黒っぽい斑れいやかんらん、岩質岩体が貫入し、玄武岩質の火山活動が起こります。すると溶岩や火山物質が噴出し、火山堆積物が重なり、地層を形成します。溶岩は枕状溶岩といい、溶岩流の表面が海水で急冷されるために枕を積み重ねたような、水中で流れた溶岩の特徴的形になります。海嶺は水深２５００メートルほどで、そのふもとは水深５０００メートルほどの深海です。水圧で陸上の火山より噴火規模は小さくなります。

このように海洋プレート、すなわち海洋地殻が生成され、この海洋地殻では、火山活動が連続して引き起こり、マントル対流により中央海嶺の両側に移動し海底が拡大していきます。海洋地殻の厚さは平

海底での地層の生産、累積

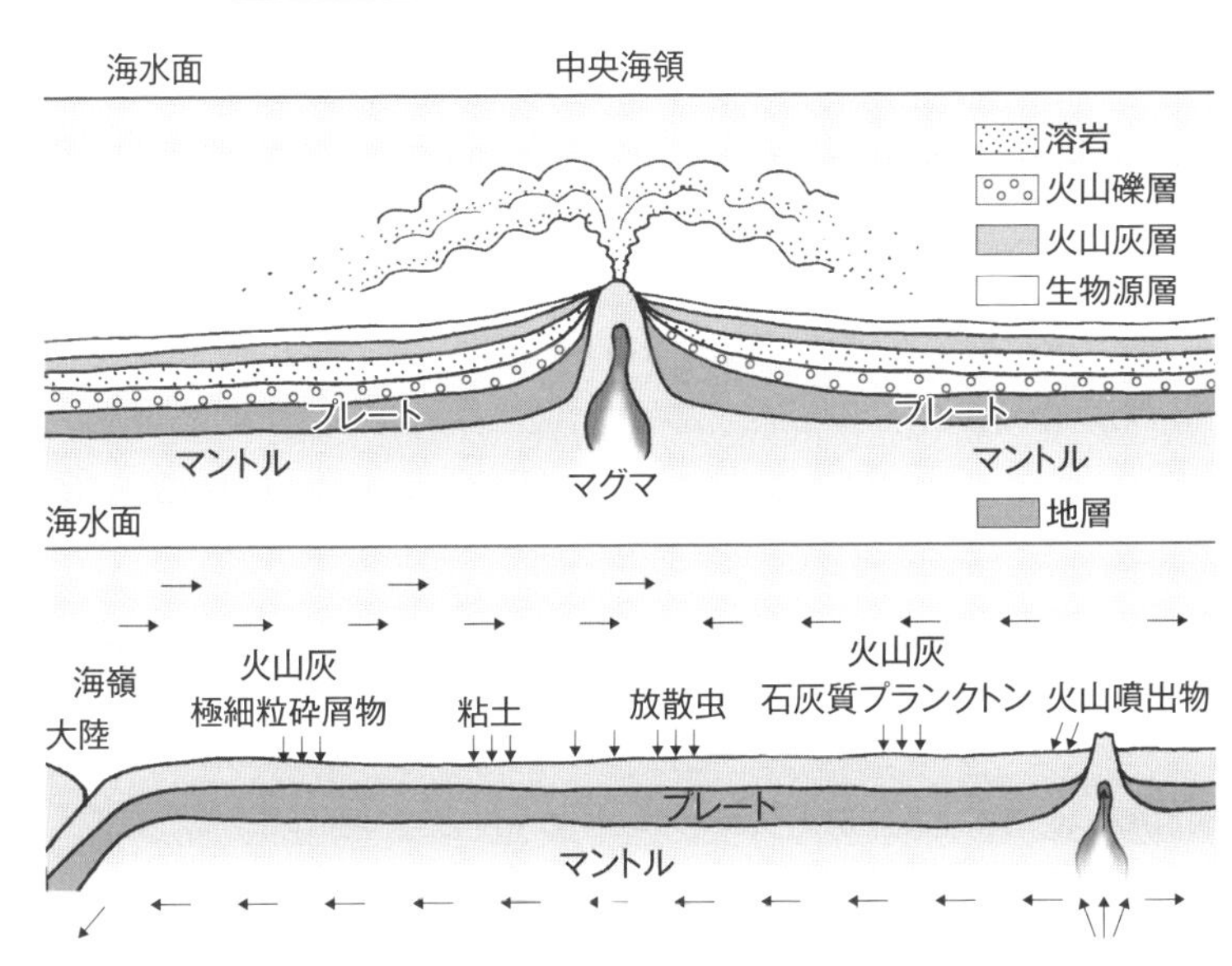

均6キロメートル程度ですが、中央海嶺では薄く、プレートが移動しながら海中に浮遊している火山灰や極細粒砕屑粒子がゆっくりと海洋プレートに堆積し、地層となって累積、中央海嶺で生成された地殻を覆って地層が重なっていきます。

海洋プレートは、移動して大陸地殻、すなわち大陸プレートと衝突し、マントルの沈み込みとともに大陸プレートの縁の海溝で沈み込みます。プレートが沈み込むと、大陸近くでは海洋地殻の一部が剥ぎ取られ付加体となります。沈み込み帯の上部ではマグマが発生し、火山活動によって島ができます。火山堆積物が地層となり、大陸からの砕屑粒子も地層を形成します。火山ではサンゴ礁などから石灰岩も生成されます。島は海溝にそって細長く分布し、大陸と島との間には背弧海盆が形成され、ここでも火山活動が起こり、海底では火山砕屑粒子と陸からの砕屑粒子が厚く地層を累積していきます。

27 プレートテクトニクスと地層の関係

地層も岩体もプレートテクトニクスのメカニズムによって形成され、地層は累積していきます。地層の生産、運搬、分裂・消滅、再生というプロセスはのなかで行われていきます。岩体の地層内の貫入もこのプロセスの中でマグマが発生して生じます。海溝に沈み込んだ海洋地殻は、沈み込みのプロセスですでに存在している大陸や海溝の上側の大陸地殻の縁にある、あるいはその近傍の島（弧状列島）への付加体となったり、地層や岩体と混ざり溶融し、マグマ化し、新たな岩体として地層中に貫入し、火山活動となっていきます。また沈み込んでいく一部はマントル内に進み、再びマントルとなります。沈み込みながら地層や岩体は沈み込む前の姿が一部付加体として残りますが、ほかはほとんどが元の地層とは異なった岩石になっていきます。すでに存在している地層や岩体と混ざり合いながら変貌し、マグマとなり火山活動として再生していきます。大陸や島の地層と同様に付加体は、風化し、削剥され砕屑粒子は川から海に運搬され、地層を形成します。このプロセスではプレートテクトニクスの移動にともなう造山運動による地表の隆起がかかわります。

このようにプレートテクトニクスは地層の形成・累積、地層の運搬、地層の削剥などと密接に関係します。

プレートテクトニクスと地層、岩体

区分	地層		岩体	
	海洋（大洋）	大陸	海洋（大洋）	大陸
生成	・中央海嶺・周辺 ・中央海嶺と海溝間の海洋底	・大陸周辺近海 ・大陸棚・周辺 ・内陸・湖	・中央海嶺直下からのマントル上昇 ・プレートとなる	・プレートの沈み込み帯の上部のマグマ発生・上昇
運搬	・マントル対流によるプレートの移動	・マグマの上昇 ・造山運動	・プレートはマントル対流で移動	・マグマは地上近くで岩体形成
分裂・消滅	・プレートの海溝への沈み込み	・風化・削剥（砕屑粒子となり地層の原料化）	・海溝への沈み込みによって消滅してマントルへ	・風化・削剥（砕屑粒子となり地層の原料化）
再生	・付加体として大陸の一部 ・沈み込み帯上部でマグマ化	・再び河川などで運搬され地層を形成	・中央海嶺で再び上昇	・再び河川などで運搬され地層を形成

・岩体は地層のマグマ化で再び岩体となり、地上で削剥されれば地層の原料
・岩体は深成岩（火成岩）

付加体

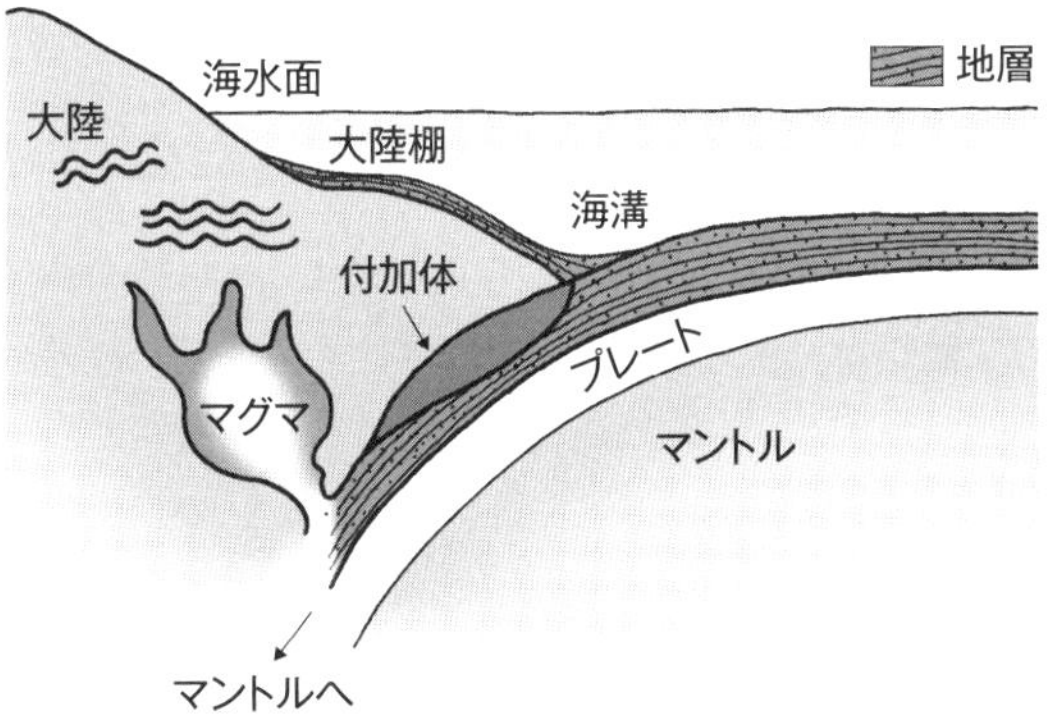

沈み込み帯（海溝）で地層が大陸の下にもぐり込み、地層の一部が剥ぎ取られ（付加体と呼ばれる）、一部はマグマ化するといわれています。

28

大陸と大洋と地層の関係とは？

大陸と大洋は前項で述べたように、プレートテクトニクスで密接に関係しています。

身近に見かける地層は、現在活動している火山による堆積物からの地層以外は、ほとんどが数十万年から1～2億年前に地層になった古いものです。陸上で観察できる地層が、大洋で形成されたものか、大陸のそばの海底で形成されたものか、簡単には識別できません。地層は数千キロメートル移動してきています。すなわち私たちが見ている地層は、ほとんどが過去のもので今形成されつつある地層が観察できるのは、陸上では海岸地域などです。この海岸地域の地層も水流で削られれば、最終的に地層となる場所へとさらに遠くまで運ばれていきます。

中央海嶺では地層が生まれていますが、世界で唯一海嶺を地上で観察できる場所がアイスランドで、溶岩など火山噴出物が堆積して地層を累積しています。一方、大陸は地球の地殻に存在する陸塊です。一般的にはユーラシア大陸、アフリカ大陸、北アメリカ大陸、南アメリカ大陸、オーストラリア大陸、南極大陸ですが、陸上部分の海岸線が大陸の淵となり、それぞれが接する海は、北極海、太平洋、大西洋、インド洋、南氷洋などです。地球の歴史の中で大陸が誕生し、おおよそ27億年以上前から大陸が分裂し、移動し、合体をしながら地層が形成されています。

合体により2億5000年前にはパンゲアと呼ば

大陸と大洋の地層の関係

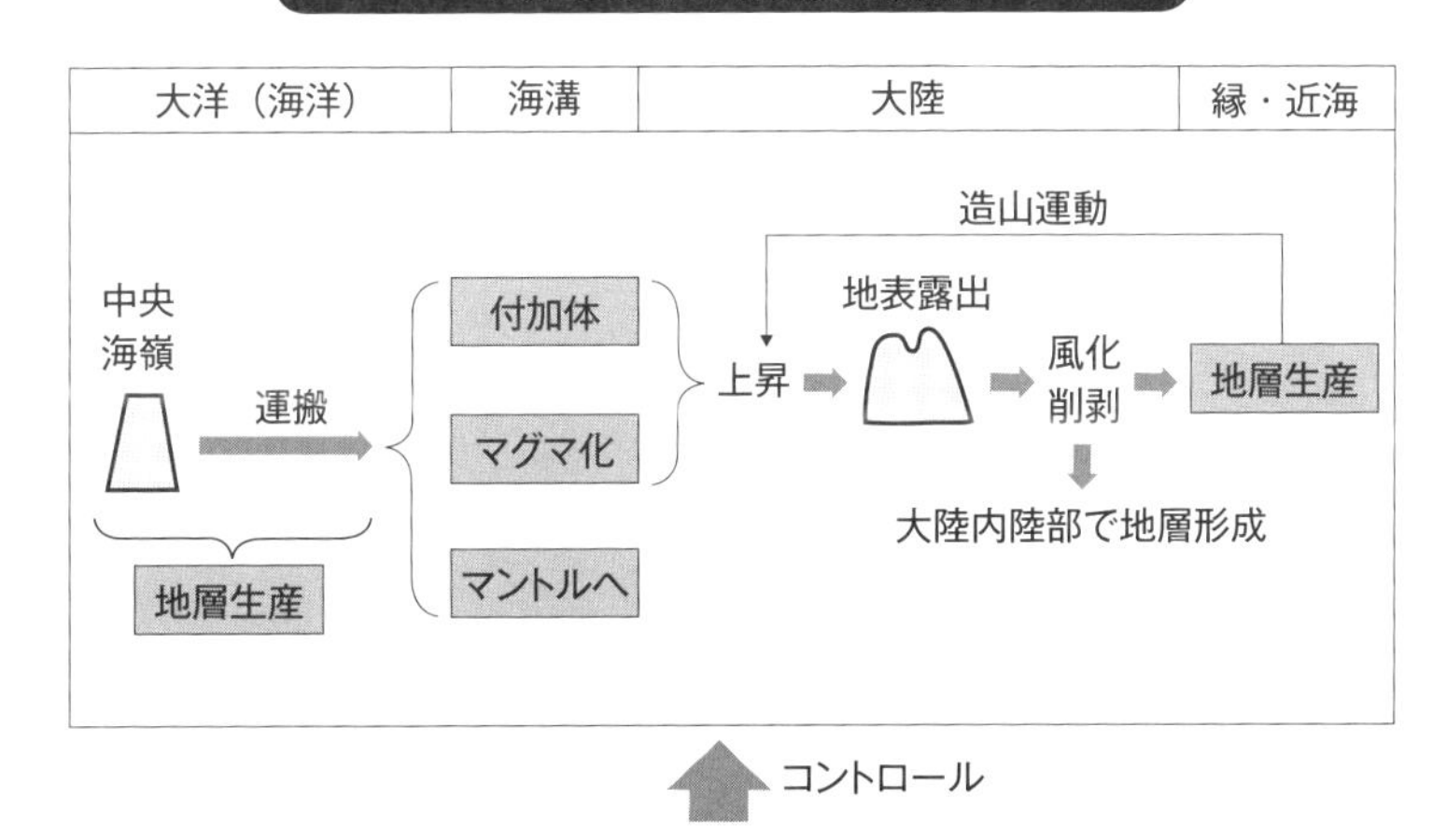

プレートテクトニクス、マントル対流

・地球科学の進歩によって大陸と大洋の地層の関係が
一層明瞭になっていくでしょう。

れる超大陸になりました。これが2億年前に分裂し、移動し、現在の位置に各大陸が配置され、現在の各大陸はこのパンゲアを構成する楯状地や地塊の合体からなります。パンゲア以降、各大陸の縁に海洋プレートによって運ばれてきた海底堆積物や海底火山が付加し、プレートの沈み込みで造山運動が起こっています。これらの造山帯では、海洋底からの地層やマグマの貫入、火山活動で大陸地殻が成長しています。大陸周辺でも地層が累積し、島弧も海洋で生まれた地層も大陸の成長に加わります。したがって大陸と大洋は地層をつくり、大陸の周辺でも地層が累積し、両者は大陸を拡大させています。

　プレートテクトニクスによって大陸と大洋は地層の形成にかかわり、海底と大陸を拡大させています。しかし、地層の形成自体を観察できるところは少なく、過去の地層の観察によって大陸と大洋の関係を明らかにしています。

29

地震と地層との関係

造山帯では海溝での海洋プレートの大陸プレートへの沈み込みによって水平方向の応力がかかり、造山帯を構成する地層や岩体に構造的な変形が生じます。またマグマも発生し、上昇して火山が噴火します。このような現象にともなって地震が起こります。そしてこのような力によって地層は変化します。19項で説明したように、地層は少しずつ力を加えると曲がり、歪を生じます。その歪の限界で地震が発生し、地層に大きな変化が現れます。地震＝断層運動ですが、地震による地層の変化が断層として現れます。破壊（断層）面を境に、急激に地層がずれ動くため振動が生じる、これが地震です。このような断層は、地表で地層のずれの差として測定が可能です。正断層、逆断層、横ずれ断層なのか、断層の観察により判断されますが、特徴ある基準となる単層を見出し、色、粒度、葉理の発達及び上下の地層との組み合わせなどで、両側のその単層が同じ地層かどうか、識別します。

今は断層の両側のずれを3次元として測定できます。固い緻密な岩石だと断層面は摩擦のため鏡のように磨かれます（鏡肌という）が、その面に条痕という擦れた後が残っていれば、どの方向からの力がかかわったかもわかります。このような測定データから地震の震源の方向が具体的になっていきます。しかし、断層運動によって地層を細かく破片状に砕いてしまう場合もあり、地層の破壊された破砕帯は、浸食作用で谷を作ります。

現在、各所に地震の際の揺れを計測する地震計が設置され、地震が発するエネルギーの大きさ、すなわち破壊の強さと震源の位置を算出しています。現在発生する地震を起こす断層は、多くは活断層で日本列島は造山帯ですから頻繁に地震が発生します。

２０１１年３月11日の東北地方太平洋沖地震は日本海溝で太平洋プレートが北アメリカプレートの下に沈み込む際に生じた地震で、甚大な被害をもたらしました。日本の近代地震観測史上最大で東日本全域が東方向に10センチメートル以上、震源に近い海底では東に50メートル以上移動したと推定されています。東京都港区麻布台にある日本経緯度原点も、27・67センチメートル真東へ移動し、国会前庭にある日本水準原点は、24ミリメートル沈下しました。

地層の破壊も大規模に起こりました。日本の内陸部で起きた最大級の直下型地震は１８９１年に発生し根尾谷断層と呼ばれ、福井県南部から岐阜県根尾谷を通り愛知県犬山東方におよぶ地表地震断層が現れました。総延長距離約80キロメートル、最大左横ずれ変位量８メートル、最大上下変位量６メートルに及ぶ大規模な断層です。

構造運動の影響で地層が破壊され地震が起こります。地震と地層の関係は造山帯では密接です。

断層破砕帯

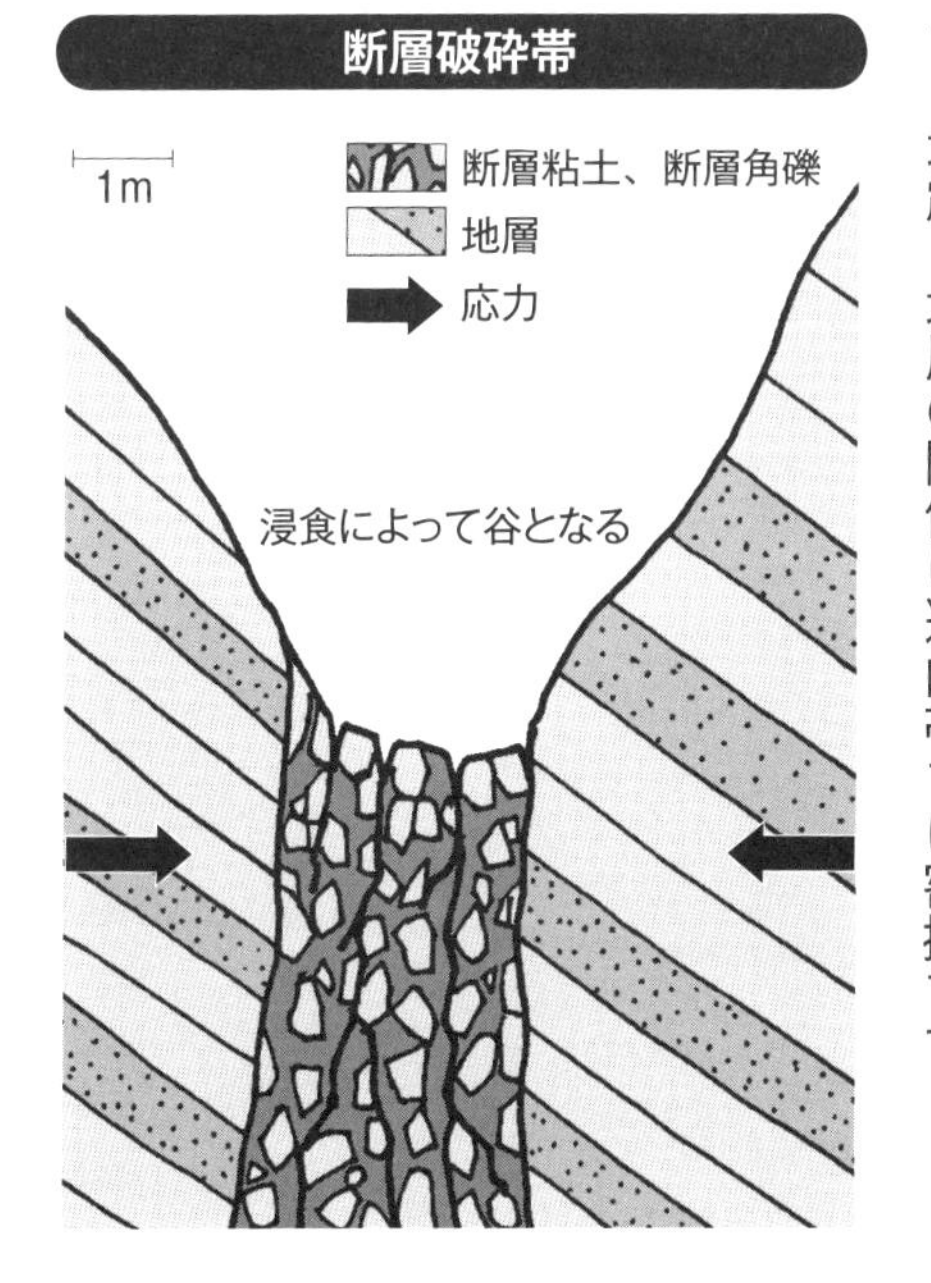

30 構造運動、活断層と地形及び地層との関係

構造運動とは、褶曲、断層など、地層や岩体の変形や破壊を引き起こす造山運動のことですが、規模や種類に関係なく、様々な地質構造をつくる地殻運動です。２００万年前以降に発生した断層である活断層は、構造運動によって発生します。構造運動は海底プレートの移動によって地殻にもぐりこむときの圧縮によって生じ、その押し合う力によって地層が変形し、断層が発生し、一定の時間をおき、繰り返して活動し、いつも同じ向きにずれます。

活断層は最近も活動をしており、地層にずれが生じ、地表面にもそのずれが（変位）現れます。断層の変位によって地形が、１回の運動で生じた変位量は小さくても、同じ場所で反復する断層運動により特徴的な断層変位地形が形成されます。断層崖や一定方向にそろった山の尾根や谷筋、河川の屈曲などに食い違いが生じ、変位地形として地表に表われます。また断層に沿う選択的な浸食作用によって起伏をもつ断層地形や断層運動による地表面にその食い違いが起伏に現れた断層変位地形をつくります。

また、幅をもった破砕帯が発達した場合、破砕帯は周辺に比べて抵抗性が弱いため浸食されやすく谷の地形をつくり、断層運動によって地表面が変形するため、繰返されると、リニアメント（線状模様）という活断層沿いの直線的な地形がつくられます。活断層の存在は、地形図や航空写真を利用して、地形的特徴を識別し、確認されます。地形の特徴も、

活断層と地形との関係ー三画末端面

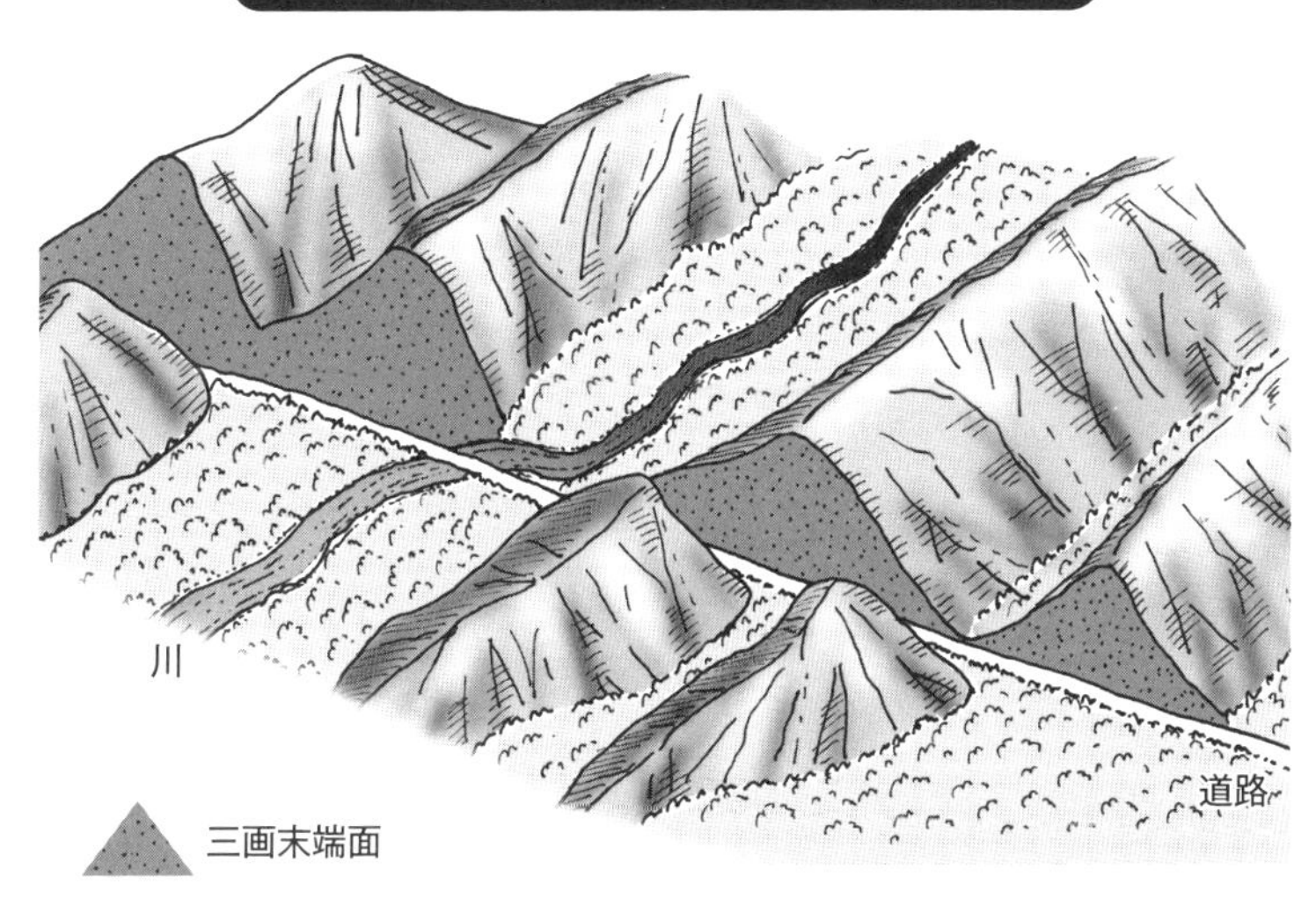

・三画末端面は断層崖面ともいい、活断層によって形成、川も断層で屈曲

時間がたつと浸食や風化、削剥によって目立たなくなり、活動度が低い場合は地形の特徴が不明瞭となり、活断層の発見は困難になります。活断層は新しい断層のため、まだ浸食がすすまない場所であれば、断層の変位は保存されています。

日本では２０００以上もの活断層が見つかっていますが、地表に現れていない活断層もたくさんあります。また今後も引き続き活動して地震を引き起こす可能性をもつ断層も活断層といっています。

活断層は地層のずれや地形や航空写真に見られるリニアメントなどから見出され、特徴的な地形をつくります。日本のような造山帯では、持続的に構造運動が起こっており、地殻を構成する地層も岩体も変形を受け、断層が発生し、地表近くでは、その変形が地表に認められます。

このように構造運動によって活断層は発生し、地層はずれたり、破壊され、地形に反映されます。

31 地層は削剥、運搬、堆積を繰り返す

27億年前からプレートテクトニクスによって大陸は動き、衝突、合体、分裂を繰り返してきています。マントル対流がエンジンの役割でプレートを動かしています。大陸が衝突すれば地下深部でマグマが生じ地上では火山活動が起こります。大陸の分裂も地溝をつくり火山活動の場になります。大陸は海洋プレートの沈み込む場となり、マグマが発生し火山活動が活発となります。海洋プレートが生成される中央海嶺も火山活動の場です。

地層はこのような活動の場で生産されていきます。大陸を構成する地層や岩体は風化し、削剥され、石や砂、泥の砕屑物は川や風によって運搬され、川底や海底などに堆積し、火山噴出物も同様に堆積し、地層が形成されて累積していきます。地層はやがて造山運動の影響で隆起し、同じように風化、削剥、運搬、堆積し、地層が形成され累積していくというプロセスを繰り返します。海洋プレートが生産される中央海嶺でもマントルからのマグマによって火山活動が起こり地層を形成し、累積し、プレートが動きながら遠洋性の堆積物が累重し、運搬され地層は大陸からの地層と一緒になり海溝に沈んでいきます。沈み込みながら、付加体として剥され、分断され、押し込まれ、圧縮され、地表に現れれば、付加体は削剥対象として、前述のように運搬され、堆積し、地層になっていきます。さらに深く沈み込んだ地層はマントルまで運ばれ、マントル

地層循環

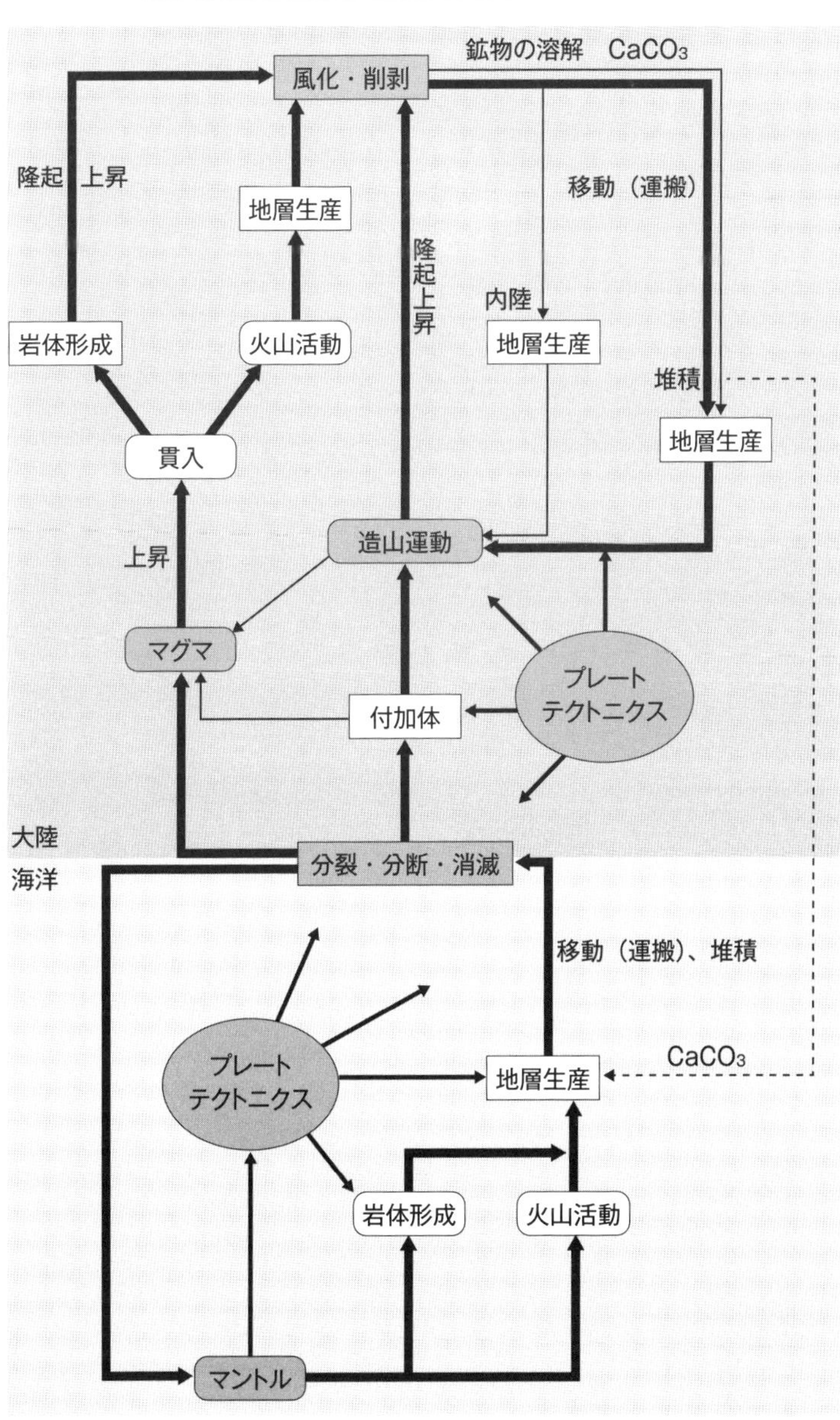

鉱物の溶解　$CaCO_3$
風化・削剥
隆起　上昇
地層生産
移動（運搬）
隆起上昇
内陸
岩体形成
火山活動
地層生産
堆積
地層生産
貫入
造山運動
上昇
マグマ
プレート テクトニクス
付加体
大陸
分裂・分断・消滅
海洋
移動（運搬）、堆積
$CaCO_3$
プレート テクトニクス
地層生産
岩体形成
火山活動
マントル
主要地層循環ルート

マントルプリューム

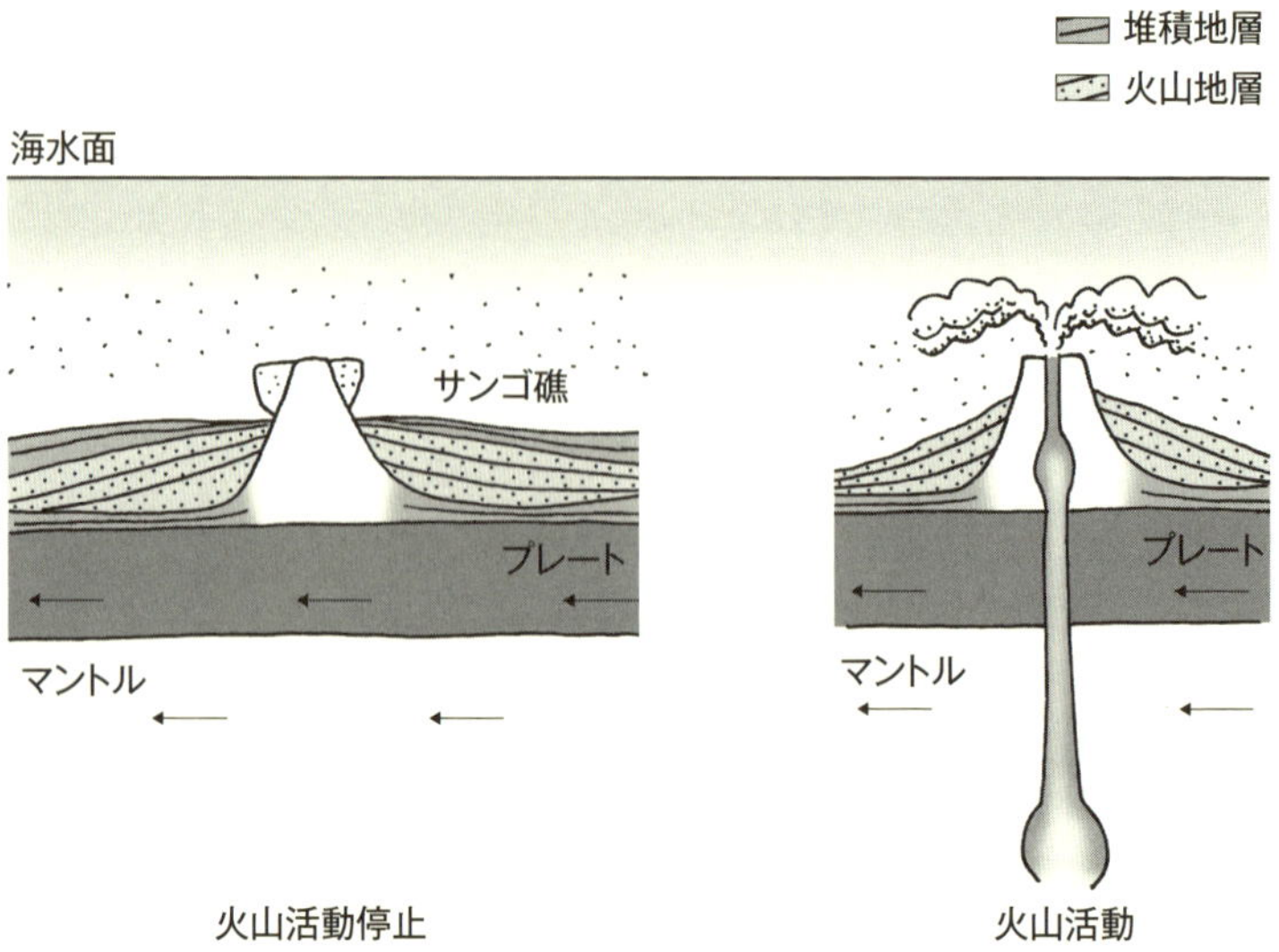

と混ざり、対流しているマントルと一緒になって中央海嶺の場で、マントルの一部が溶融し、マグマとなって海嶺でかんらん岩や斑(はん)れい岩の貫入と海底火山活動を引き起こします。

またマントルからのマグマが海洋プレートを貫き火山活動を起こし海底火山をつくります。これをマントルプリュームといい、マントルの上昇でできるホットスポットです。ハワイがこのような火山島です。火山活動の終息までこの地点でのマントルの上昇が続きますが、火山は火山活動の終息まで移動せず不動です。

地層は削剥、堆積、地層形成、移動、再生、変貌を繰り返し、循環していると考えられます。〝地層循環〟ともいえる動きです。この循環は1～2億年というサイクルでプレートテクトニクスによって1年に数センチメートルという動きで、まさに〝生きている地球〟です。

第5章

自然災害と地層の関係とは？

32 地震と地すべりと地層は密接に関係している
―地層災害の原因となる

地すべりは斜面の一部あるいは全部が重力によって、斜面の土砂や地層が地塊となって斜面下方にすべり面上を移動する現象で、すべり面は地質的不連続面です。したがってすべり面がない土砂崩れによる斜面崩壊や崖崩れとは違います。

すべり面は、固さの異なる地層の境界などに形成されます。第三紀層（６４３０万年前から２６０万年前）の粘土鉱物を含む地層や、火山活動にともなう熱水、温泉水により粘土化を受けた地層、粘土層、風化して脆くなった地層にすべり面が形成され、固い地層や岩盤の上に堆積した柔らかい粘土質の地層が移動し、地すべりを起こします。

すべり面となる不連続面に地下水が浸透し、地層の劣化が進み、地下水によって地塊に浮力が働きますが、地塊の重さに耐えられなくなってせん断破壊し、地すべりが発生します。すべり面の厚さは一般に数ミリメートル程度です。

地すべりの調査において、地形図や航空写真によって地すべりの特徴を示す地形を見出し、現地調査によって地表面に現れた亀裂や隆起や陥没の状況を観察し、すべり面の形状や分布状況を推測します。ボーリング孔に歪計を埋設し、観測して歪の状況のデータを解析して、歪の大きな深度にすべり面の存在を推測します。すべり面の深度は、ふつう数メートル～数十メートルです。

すべりの移動は、地震の振動や地質的な条件に加

地すべりと地層

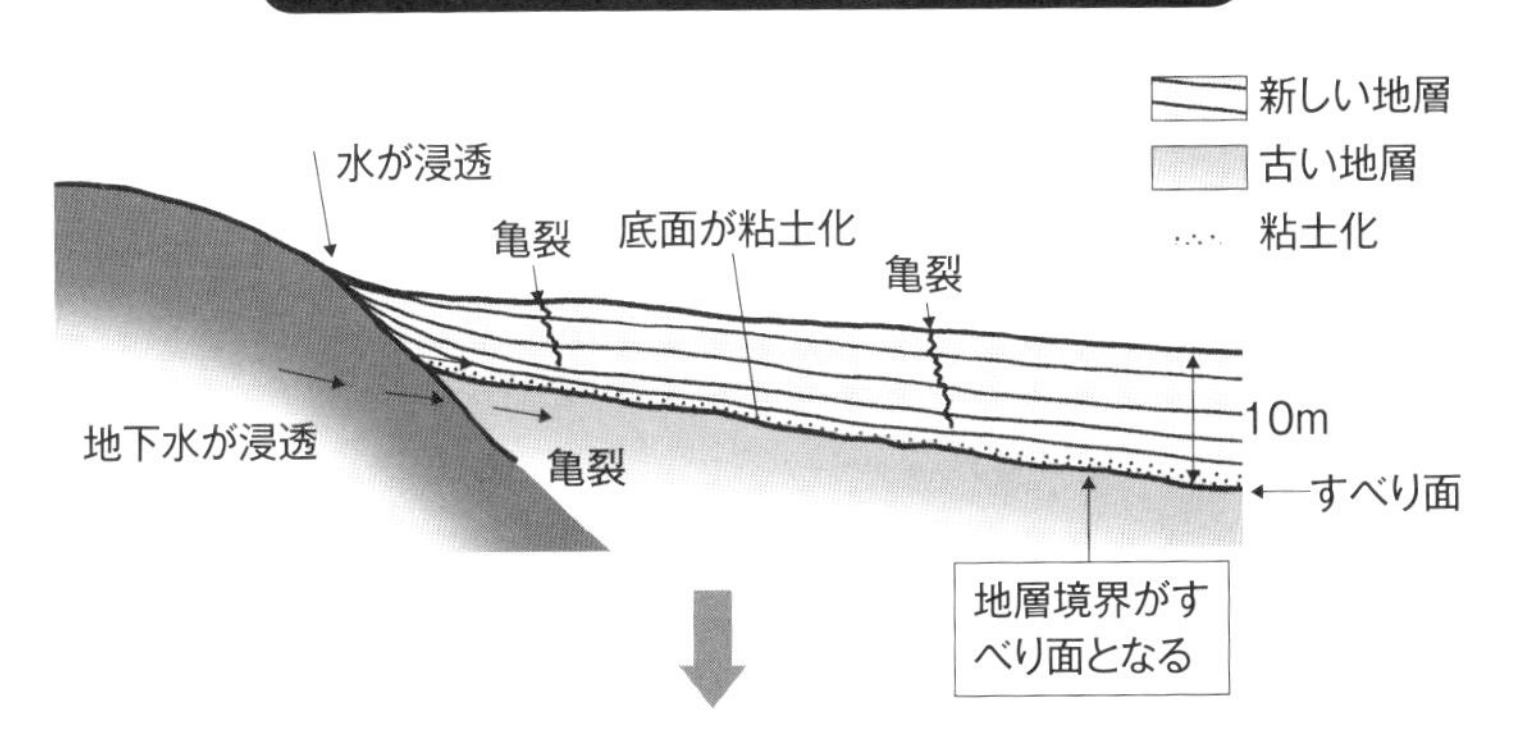

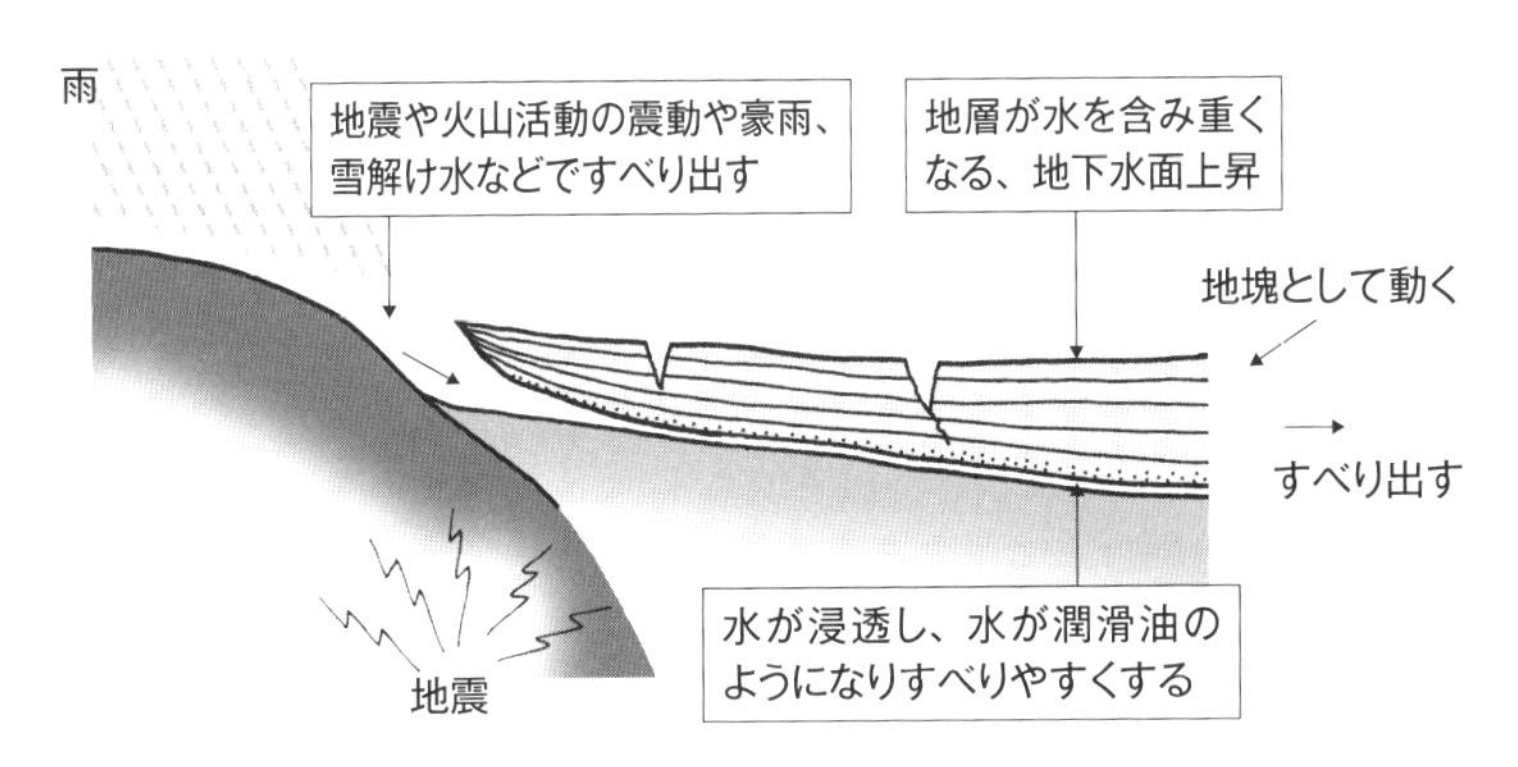

え、地下水の分布状況が密接に関わります。雪解け水、梅雨、豪雨など、地下水の水位が大きく上昇する時期に多発します。地下水を多量に含んで重量が著しく増加し、地下水の存在がすべり面の剪断強度を大きく低下させることになります。泥岩や火山噴出物の凝灰岩などの地層からなる地域では地すべりが多く発生します。

降雨、融雪による地下水の上昇とともに地震や火山活動による斜面形状の変化、あるいは人為による変化などがきっかけとなって地すべりを発生させます。〝地層災害〟は地すべりなど地層の突然の動きによる災害です。

33 津波と地層はどんな関係があるのか？

津波は海底の地形変動によって発生するといわれています。

海底で急激に地形が変動すると、その地形の動きに合わせ海水面も変動して、海水面は元の水平面に戻ろうとします。その結果振動が発生し、その振動が周囲に伝播し、津波となります。すなわち海底の急激な地形変動による波の伝播現象で、海底下に震源がある場合、海底で接触し合っているプレートどうしの弾性反発に起因する急激なずれによる地震の発生や、海底火山活動の爆発などで起こります。このほか、地震による断層運動による海底地すべりや地層の崩壊で海底地形が変化し、海底面の上下の変化で、海水面が上下に移動し、水位が変動してうねりとなり、周囲に拡大していきます。高潮のような気象などの要因で生じる波は津波とは性質が違います。津波は、波の間隔である波長が1000キロメートルに達するほど巨大になる場合もあり、波高も5メートルを超えることもあり幅は数十キロメートルから数百キロメートルです。津波は陸上に近づきながら巨大になり陸地に達し、津波災害が発生します。大型地震でマグニチュード8以上になれば断層の長さが100キロメートルを超えることもあり、海底地形の変化も広範囲になり、幅が広い大規模な津波となっていきます。逆に震源が100キロメートルより深いと、津波は発生しないといわれています。津波の速さは、水深の深さと関係

津波によるタービダイト

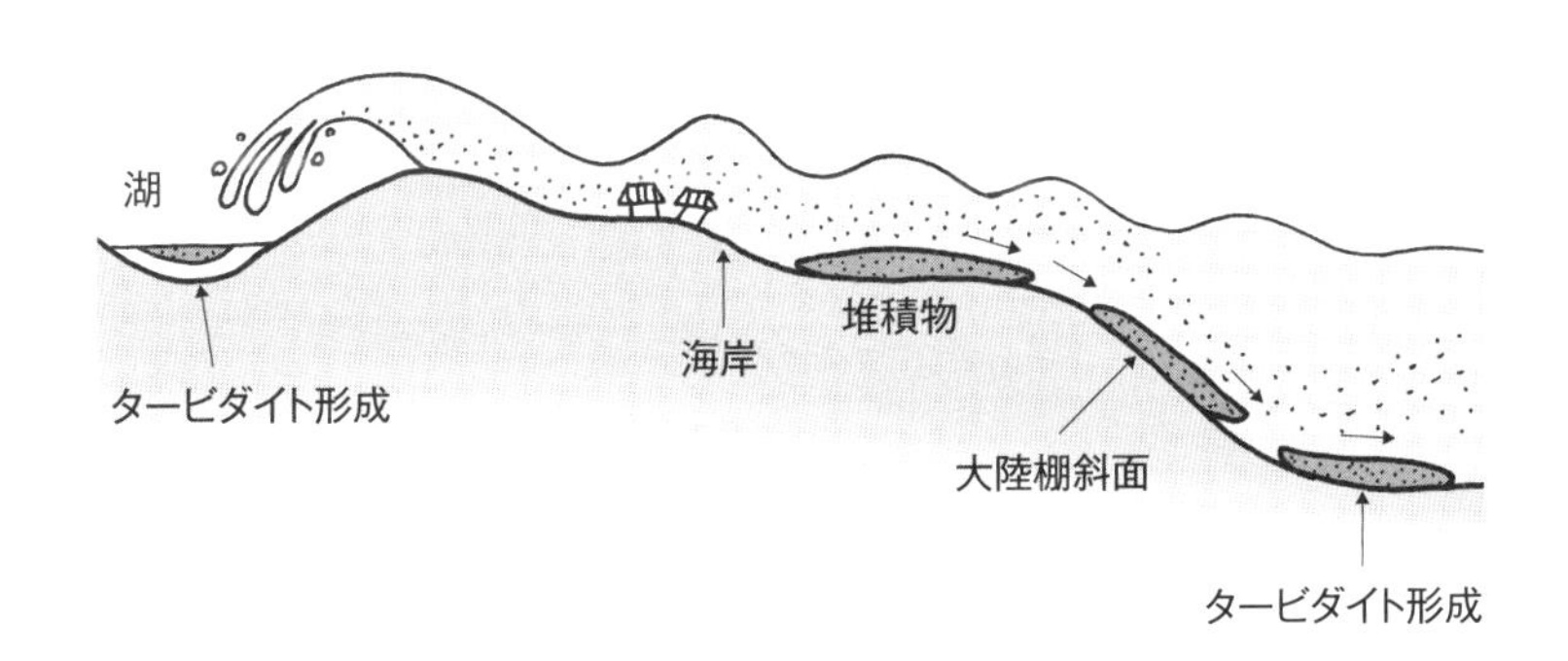

し、水深が深いほどスピードが速くなります。水深が５０００メートルのところでは、時速８００キロメートルにもなります。津波はジェット機なみの速さで進みます。水深が10メートル程度であれば時速約40キロメートルと自動車なみの速さです。陸地に近づいてくるとスピードは遅くなります。

津波は過去の痕跡を地層の中に残すことがあり〝津波の化石〟といっています。過去の地層の調査によって、津波の痕跡である「津波堆積物」は、タービダイトという砂と泥の互層（項目24参照）で、泥、砂、礫などの砕屑物や生物遺骸が寄せ波によって陸上や沿岸や湖や沼に運び上げられ、堆積したものや引き波によって海底に引き込まれたものです。津波堆積物から過去の津波が押し寄せた時期や範囲を明らかにすることができます。

２０１１年３月11日の東日本大地震によって大規模な津波が発生し、北海道から千葉県にかけて大津波が押し寄せ、甚大な被害をもたらしました。

海岸沿いの集落が水没し平野部では海岸線から数キロメートル内陸にわたる広範囲が水没しました。青森、岩手、宮城、福島、茨城、千葉の6県で561平方キロメートルにも及び浸水しました。

陸に押し寄せた津波は、防潮堤や堤防を乗り越え、建築物や構造物を破壊しました。それらが砕かれ瓦礫となって、砂や泥や礫とともに引き波によって海まで引きずり込まれ、それらは再び内陸へと、繰り返されました。検潮所の測定では、津波の高さは、岩手県の宮古で8・5メートル、宮城県の石巻で8・6メートルという大波です。上陸した津波が到達した遡上高（そじょうこう：海岸から内陸へ津波がかけ上がる高さ）は宮城県女川町43メートルに達したとされています。

日本海溝や四国の南の水深4000メートル級の海溝の南海トラフは、地震多発地帯です。大地震が発生すれば、海溝の日本列島側の大陸棚や海溝斜面の地層、堆積物が海溝に崩れ落ち、津波が発生して砂、泥、礫が混ざり混濁の塊となって何回も陸に向かって進みます。一部は陸や湖や沼に堆積し、残りは再び海岸近くか大陸棚に堆積し、累重していきます。砂、泥、礫が混ざる混濁状の海水は重力の影響を受けながら堆積しますので、級化構造をつくり砂と泥の繰り返しの地層を形成していきます。

津波は、大陸斜面や大陸棚に莫大に蓄積している堆積物や未固結の地層がいっきに崩れ、破壊され、混ざり、海水の密度を増加させ、スピードを増し、エネルギーが増幅します。津波は地層を砕き、砕屑物に変化させ、これらを移動させ再堆積し、地層を形成し、このプロセスで津波災害を発生させます。したがって津波は地層の破壊、移動、形成に深く関係し、津波からの災害も〝地層災害〟で、プレートテクトニクスによって生み出される現象です。

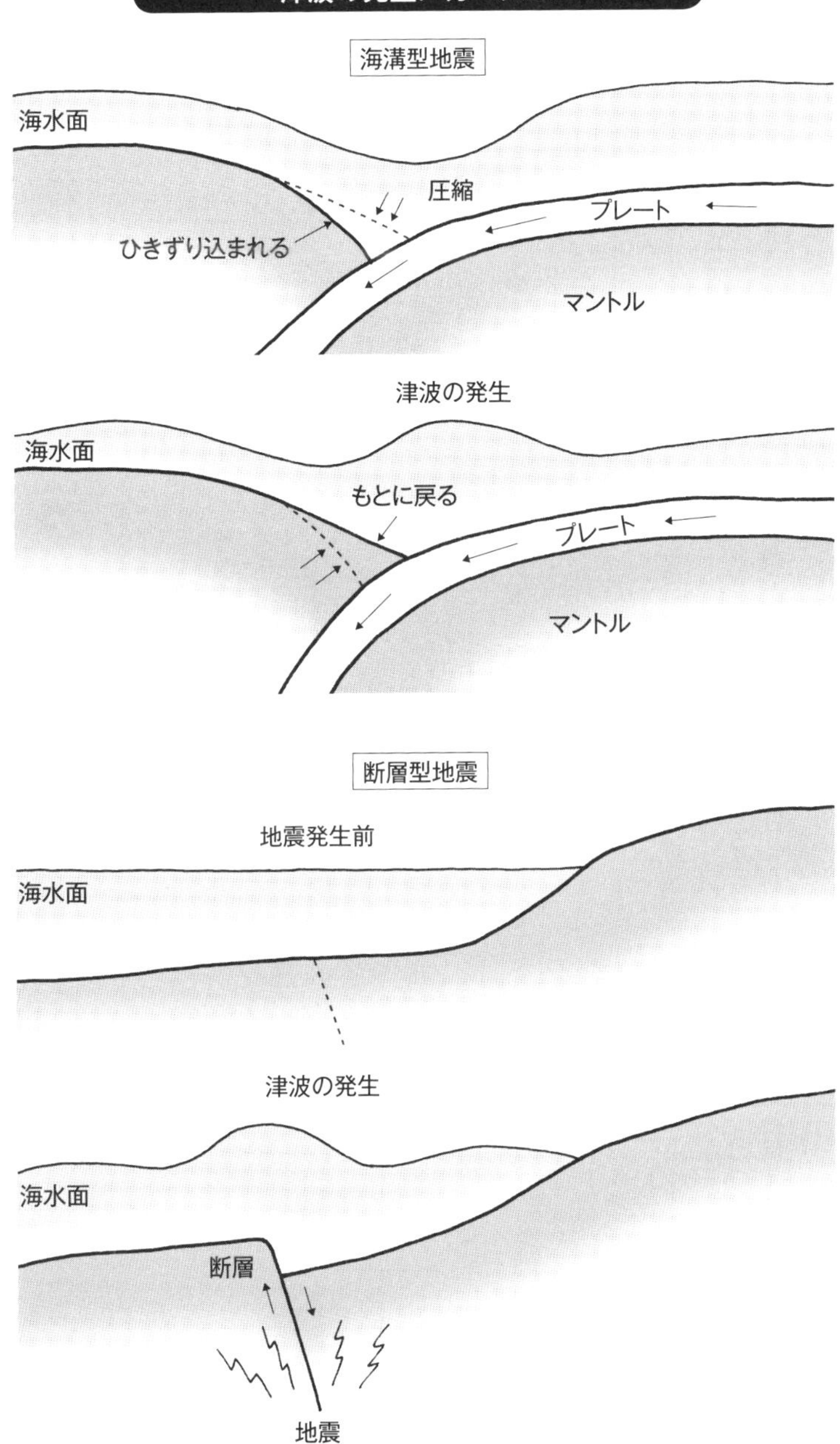
津波の発生メカニズム
海溝型地震
海水面
圧縮
プレート
ひきずり込まれる
マントル
津波の発生
海水面
もとに戻る
プレート
マントル
断層型地震
地震発生前
海水面
津波の発生
海水面
断層
地震

34

火山の噴火で地層ができる

――地層災害を誘発する

火山噴火はマグマが噴き出す現象で、噴出物は溶岩、火山礫、火山灰などです。火山活動はマントルや地殻深部で発生したマグマが上昇し、噴火するまでの活動です。火山噴出物の中の流体として流れ出た溶融物質が固まってできた溶岩は、温度が高いほど粘性が小さく、冷えると固化し、マグマ中のケイ酸成分の量が多いほど粘性は大きくなります。玄武岩は少なく安山岩は中ぐらいです。火山噴出物の中の火山砕屑物の流れを火砕流といい、気体と火山砕屑物からなり、空気よりも多少重く、数100℃以上の高温で火山砕屑物が火山ガスと混合し、100キロメートル／時以上の速度で一体化して流れ下ります。堆積時には基底部で高密度な粒子が堆積し、火砕流地層になっていきます。

火山砕屑物が固まった岩石を火山砕屑岩といいます。火山灰や他の火山砕屑物は陸上や湖や海底に堆積物として堆積し、地層を形成します。火山灰などの火山噴出物が水を含む場合、泥流となって高速で流されます。火山灰が堆積し雨によって流される場合も泥流となって流れ、再堆積し、泥流層をつくります。

火山噴出物は大きさによって区分されています。火山礫は粒径64～2ミリメートルですが、粒径64ミリメートル以上を火山岩塊と呼び、火山礫の黒や赤い色はスコリアといい、玄武岩質で黄色や灰色、白いものを軽石と呼び安山岩や珪酸分の多い流紋岩質

火山噴火と地層

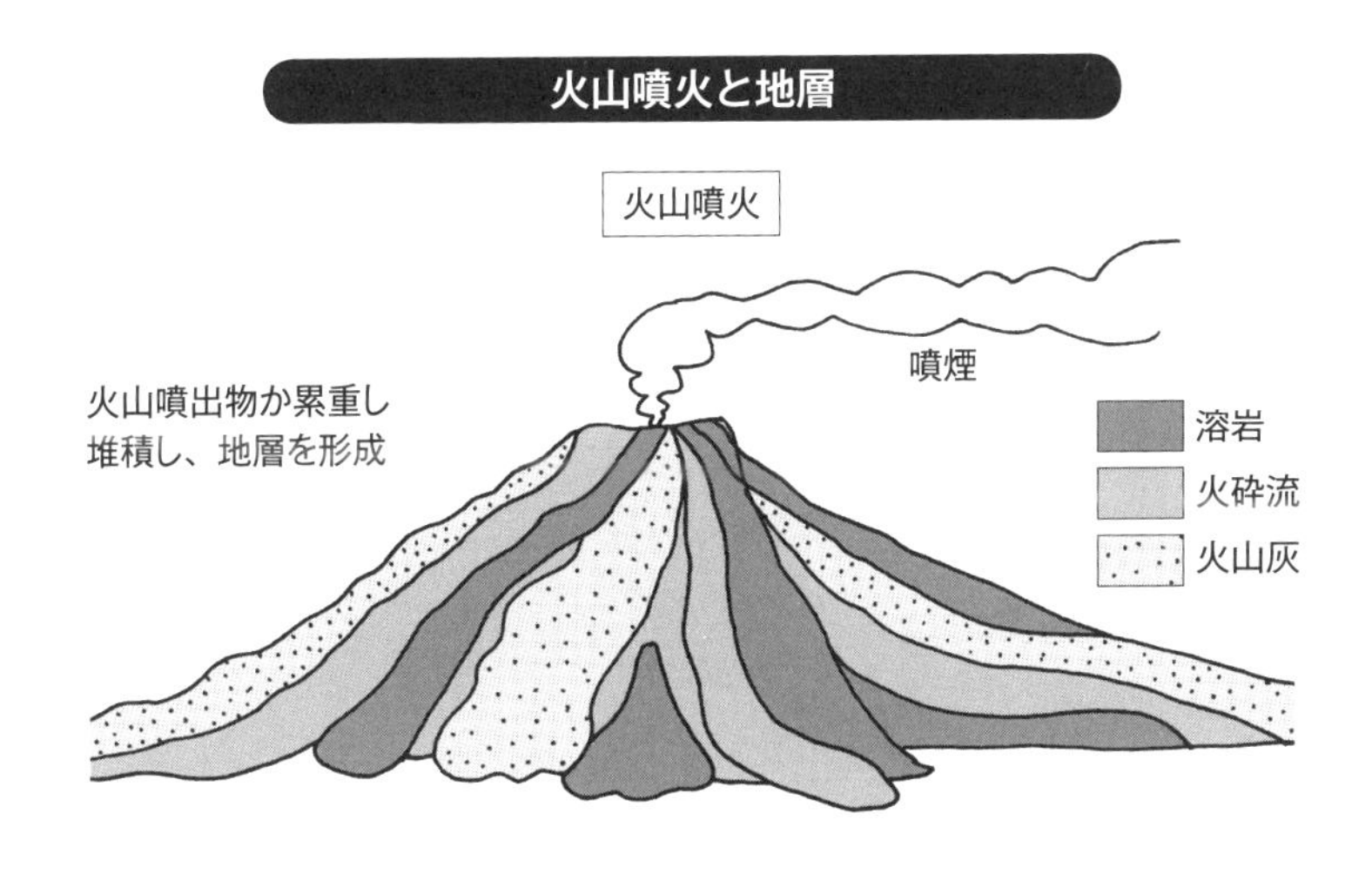

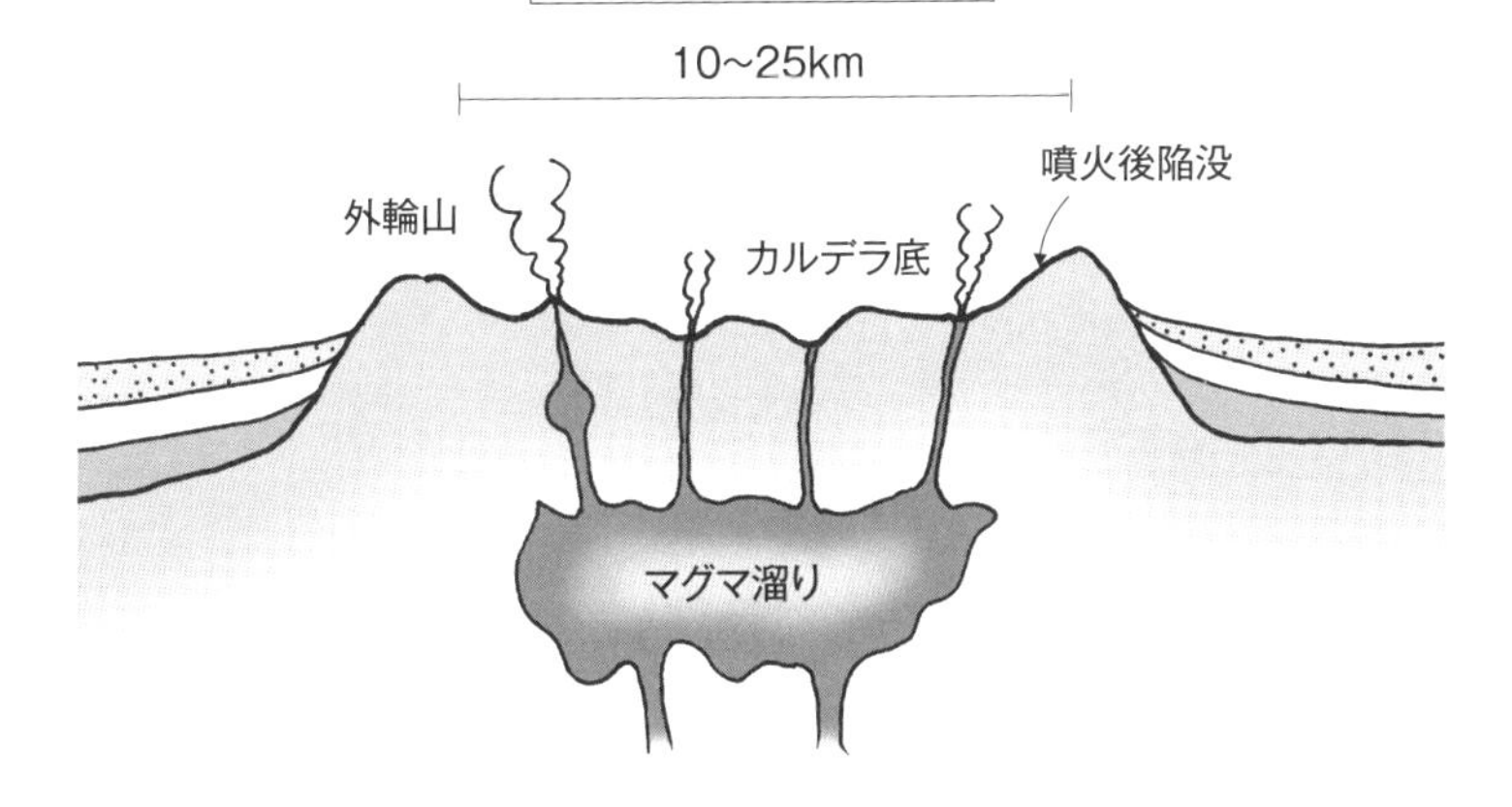

火山噴出物

名称		粒径
火山岩塊		64mm 以上
火山礫		2mm ～ 64mm
火山灰	火山砂	2mm ～ 0.06mm
	火山シルト	0.06mm 以下

スコリア
玄武岩質火山放出物で揮発成分が発泡し多孔質

軽石
安山岩質火山放出物で揮発成分が発泡し多孔質

です。火山灰は粒径2ミリメートル以下です。

マグマの噴火の性質により、様々な火山がありま す。ハワイ式噴火はハワイ島の火山でよくみられ流動性が高く、爆発は起こらず、大量の溶岩が高速で流出します。

ストロンボリ式噴火は小爆発を繰り返しハワイ式噴火より少し流動性の低いマグマです。ブルカノ式噴火は日本の火山に多く粘性が高い安山岩質マグマで爆発とともに火山灰、火山礫、火山岩塊を大量に噴出します。溶岩流は、半ば固化した塊状溶岩です。桜島や浅間山はこのタイプです。

プリニー式噴火はローマ時代ポンペイなどを埋めた79年のヴェスヴィオ火山のタイプです。大規模なストロンボリ式噴火で火山灰や軽石などを成層圏に上昇させるほどの噴煙を上げ巨大な火砕流が発生し広範囲に被害をおよぼします。カルデラ噴火あるいは破局噴火といいますが火山の噴火としては最大級です。火山灰や溶岩を高く吹き上げる大きな爆発となります。

阿蘇カルデラ、姶良（あいら）カルデラは桜島北側の錦江湾全体の噴火で長径数キロメートル～十数キロメートルのカルデラを形成する非常に大規模な噴火です。海底火山は陸上の火山と類似しますが、海の中にあり水圧のため、噴火は、陸上のように激しくはありません。数千メートルの深海底にある海底火山には数百気圧がかかります。

いずれの火山噴火によっても地層ができます。溶岩、火砕流、火山砕屑物、泥流、火山灰は火山の斜面、裾野に堆積し、噴火を繰り返しながら累積し、地層を形成します。

陸上だけでなく海底にも地層を形成します。御嶽山の災害のように、これらの火山噴火から直接の災害が発生します。とくに火砕流、泥流は流れ下りながら災害を拡大させていきます。地層になる前の災

日本の主な火山災害

火山名	噴出年	犠牲者(人)	要因など
渡島大島	1741年8月	1,467	岩屑なだれ、津波
桜島	1779年11月	150	噴石、溶岩流
浅間山	1783年8月	1,151	火砕流、土石なだれ
磐梯山	1888年7月	461	岩屑なだれ、村落埋没
十勝岳	1926年5月	144	火山泥
雲仙岳	1991年6月	43	火砕流
御嶽山	2014年9月	57	水蒸気爆発

気象庁（2013）他

火山災害の加害要因

区分	加害要因
地上に流出	溶岩、火砕流、火砕サージ、爆風
上空からの降下	火山岩塊・礫降下、火山灰、火山ガス、噴煙
その他	泥流、土石流、津波、岩屑なだれ、地すべり

害です。地層になってもその後起こる噴火による再移動などで、土石流災害の要因となります。

9万年前の阿蘇カルデラの噴火は火砕流が九州の半分を覆い、九州南部のシラス台地を形成しました。1990年～1995年の長崎県の雲仙岳の噴火では、普賢岳火口から谷沿いに火砕流が頻発しました。火砕流と熱風（火砕サージ）により森林、家屋、農耕地などが広範囲にわたって破壊され焼失し、大災害となりました。火山噴火も〝地層災害〟につながります。

35 温暖化の影響で地層も変わる？

―海進、海退はどうして起こるのか

温暖化は人類社会持続の脅威となってきました。自然現象であり、地球全体が温暖化と寒冷化を繰り返しながら太陽活動などが地球の気温に影響を与え、寒冷化に向かっているといわれています。一方「気候変動に関する政府間パネル」（ＩＰＣＣ 世界気象機関（ＷＭＯ）の一機関）は地球温暖化と二酸化炭素（CO_2）とを関係づけ、その排出が増大していくと長期的に温暖化が続くと報告しています。

地球の気候には温暖化と寒冷化のサイクルがあり、「人為的な温暖化」という流れと「自然周期による寒冷化に入りつつある」という2つの流れがあります。しかし、北極の氷が溶けたり、洪水、ハリケーン、豪雪、旱魃、酷暑など異常気象が世界各地で多発しており、その原因は「温室効果ガスによる二酸化炭素の増加」と考えられ始めています。

二酸化炭素の排出を減らすことが異常気象対策に有効で、化石燃料の使用を減らすことが世界の潮流となっています。二酸化炭素を人為的に集め、地中・水中などに封じ込める二酸化炭素の回収と貯蔵（ＣＣＳ）も開発中です。

海水準（陸地に対する海面の相対的な高さ）は気候や地殻の変化で変動します。海水準が上昇することを海進といい、陸地の緩慢な沈降でも起こります。また、海水面が下降することを海退といいます。海底の緩慢な隆起でも起こります。海退によって海底が陸上に現れ、海岸平野、海岸段丘などの地形が形成されます。

２万年前の最終氷期以降、海水準は大規模な氷床の融解で１２０メートル以上上昇（年平均６ミリメートル）した海進が記録されています。世界的に海水面は過去６０００年間で、現在のレベルまで上昇しました。平均でおよそ０・５ミリメートル／年のペースで海進の状況にあります。気温が低下すると海退となり、海水の水分が陸上の氷となり海水量が減少します。寒冷化の時期にユーラシアとアラスカの間のベーリング海峡は繋がり陸になりました。

１９０６年～２００５年の１００年間で０・74℃上昇したとされ生態系の変化や海岸線の浸食がおこり、異常気象を増加させています。地球規模の温暖化にかかわらず、大局的には人間の産業活動にともなって排出された温室効果ガスが異常気象を引き起こす可能性は十分考えられます。しかし、数十年という短い期間での温暖化、寒冷化の変化を地層から読み取ることは困難です。

気温の上昇により氷床・氷河の融解で、海面が上昇します。海面が１メートル上昇すれば日本では砂浜の90％が消失するといわれています。世界の各地で陸地が浸水し、農地を減少させ、災害に結びつきます。自然災害か人為災害か、いずれにしても現状では二酸化炭素排出を減少させ異常気象を防ぐことでしょう。

36 森林破壊と土壌と地層の関係

森林破壊は、木の伐採などにより、森林が減少するか消滅し、本来もつ自然の回復力を超える状況で起こります。主として人為的な破壊ですが、地球温暖化や気候変化などにともなう森林の砂漠化など自然の中に起こる現象も含まれます。

年々世界の森林面積は減少しています。森林面積の変化は地域の差があり、東南アジア、アフリカ、南アメリカで大きく減少しています。とくに熱帯雨林の森林が地球規模で減少しています。熱帯雨林では毎年日本の本州の約3分の2ほどの面積、1420万ヘクタールも森林が減少しています。

この主な原因は人口増加による燃料需要の増大、木材消費量の増大、旱魃、森林火災 さらに宅地造成、工場、ゴルフ場、大規模農地など土地開発に関係します。森林は、水をたくわえ、土をつくり、酸素をつくります。森林が減少すると森林の機能である保水力が失われ、水質や大気浄化能力や二酸化炭素を固定させる光合成の機能を低下させ、土壌栄養分の流出や洪水、崖崩れを引き起こし、生態系の安定性も低下させ、微生物や菌類も減少します。

土ともいう〝土壌〟は地表の地層を覆っている未固結の堆積物で生物活動の影響を受けます。土壌は、地表に露出した地層や岩体が風化し、粘土鉱物化した砕屑粒子と微生物が生物の死骸を分解して生成した有機物（腐植）で、粒径が2ミリメートル未満の粒子からなります。土壌の粒子は、粘土化した

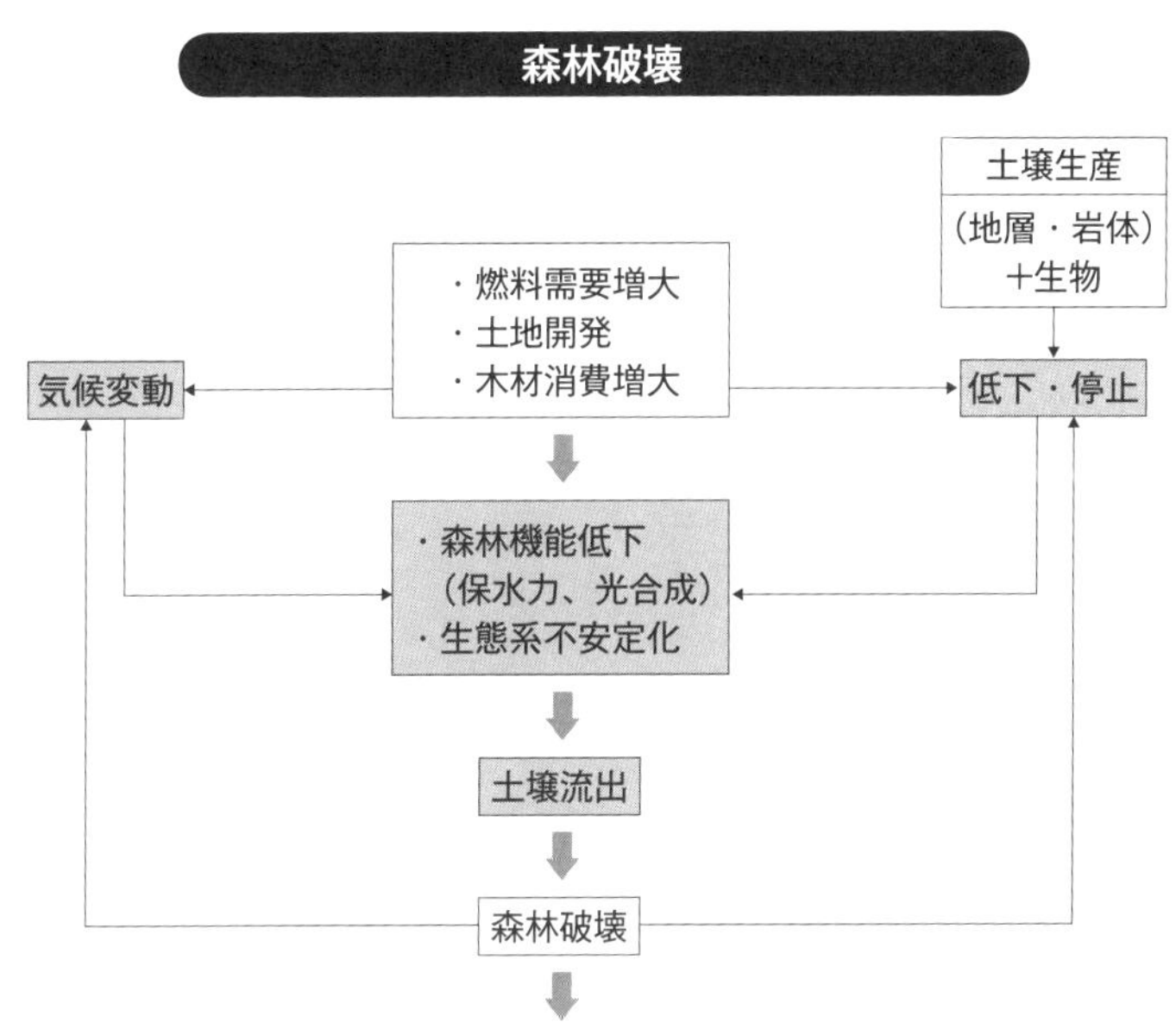

粒に有機物が付着して凝集し団粒構造をつくっています。粒子間の空隙が40～80％もあり、保水と通気性に優れています。土壌は、10万年という長い期間をかけながらつくられていきます。

土壌は、泥炭（植物の死がい）や火山灰など遠くから風や水によって運ばれてきた物質も含みます。また、土壌は、植物の生育に不可欠な役割をもちます。太陽エネルギー、水、炭酸ガスとともに植物には重要です。土壌も層を成し、下位に風化された石からなる地層や岩体に移り変わりますが、その間は土壌混じりの風化帯で、土壌化への移行中の層で境界は明確ではなく、漸移帯です。

森林破壊は、土壌を失っていくことを意味しています。土壌を失えば、植物が育たなくなり農業に大きな影響を与え埃水や土砂災害の原因となります。地層や岩体は土壌の原料であり、土壌層を支えているのです。

37 放射能防護への原子力廃棄物の地層処分

地層処分とは、原子力発電所から発生する使用済み燃料や使用済み核燃料を再処理した際の廃液及びそれを固化したガラス固化体を生活圏から隔離するため地下深部に閉じ込める方法です。「地層処分」というとこれまで述べてきた「地層」の中に処分するような印象をもつかもしれませんが、英語だとdeep geological disposal（of radioactive waste）で「深部地質的処分」で本来の意味に近づきます。

処分対象は高レベル放射性廃棄物です。強い放射線をだすプルトニウムなどは半減期が数万年～数十万年と長く、大変危険な廃棄物です。地層処分は、廃棄物をガラス固化体キャニスターに入れて多重人工バリアーを施し地下３００メートル以上の深さに埋設するという方法です。

地下深部は地震や津波、台風等の自然現象による影響が小さく、水の動きが遅く、酸素が少ないため、錆びにくい、という特徴があり、戦争、テロ等に対しても防御しやすいことがあげられています。

地層処分は20世紀後半から各国で様々な検討がされ、未だに試行の段階です。地層処分の対象となる地質は、岩塩層、泥岩層、花崗岩体などが候補で試験施設が建設されています。しかし、岩塩層は可塑性ですが、水に溶け不安定で泥岩層は展延性もありますが、脆さもあります。花崗岩体は大陸の安定地塊にあり、規模が大きく亀裂などがなければ地層処分対象として有望かもしれません。地層処分施設の

地層処分

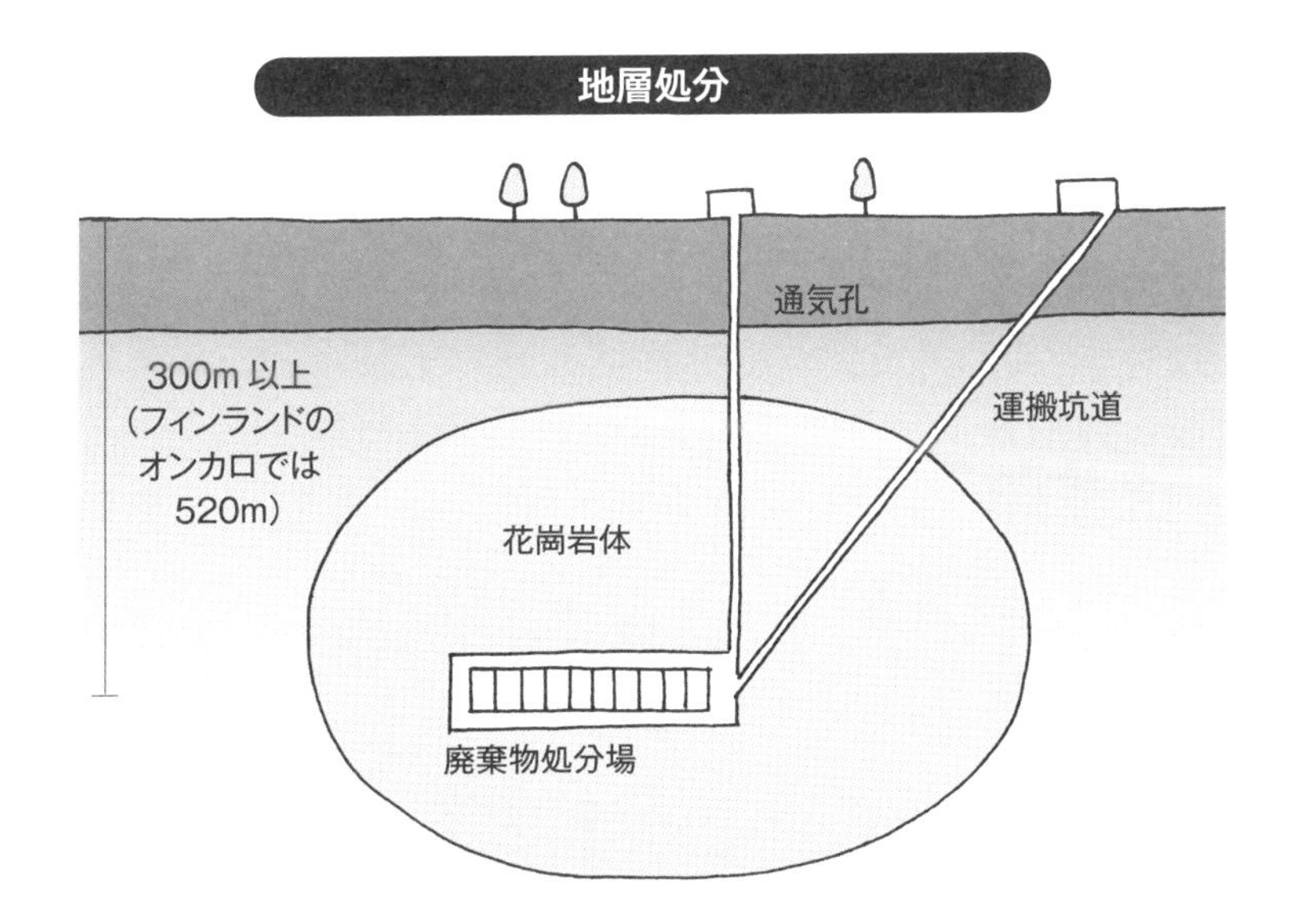

高レベル放射性廃棄物の地層処分サイトの条件
・断層活動、火山活動による影響がない。 ・十分な空間がとれる 5～10km^2 ・亀裂、水脈がない。 ・地下資源がない。 ・長期間（数万～10万年）にわたり安定。

地層処分対象サイト候補			
種類	利点	弱点	評価
泥岩	展延性	もろい	不透水性、割れ目発達
花崗岩	硬く緻密	風化しやすい	塊状
岩塩	可塑性	水に弱い	密封性が高いが水に溶解

管理期間を欧州各国では十万年としています。

日本では地層処分の研究開発を1976年に開始しました。2038年までに地層処分を実施するというタイムスケジュールです。核燃料サイクル開発機構は幌延深地層研究センター、岐阜県瑞浪超深地層研究所を建設し、幌延では泥岩層を、瑞浪では花崗岩体を、地層処分に関わる研究の対象として実施しています。高レベル放射性廃棄物は、放熱し、地下に熱が半永久的に放出されるため地下に水があれば沸騰します。使用済み核燃料は約1万5000トンです。その中にプルトニウムが150トンほど含まれます。

米国ではニューメキシコ州カールズバッド核廃棄物隔離試験施設を、地下655メートルで厚さ1000メートルの岩塩層中に掘削し設置しました。2000年から廃棄物が搬入されています。

フィンランドのオンカロ廃棄物貯蔵施設は2004年に掘削を開始し、花崗岩体中の地下520メートルの場所に100年分の廃棄物の保管が予定され、2020年に操業を開始する予定です。

地下750メートルのドイツのアッセⅡは岩塩層で1995年に地下水浸出と放射能汚染、岩塩ドーム崩落が危惧され閉鎖されました。ゴランレーベンは地下840メートルの深さの岩塩ドームで試験坑道を開削しましたが、岩塩が地下水と接触し溶け危険のため2013年計画が白紙になりました。

日本列島は変動帯で造山運動の影響を受けています。現在考えられている地層処分では、地震、火山などの地殻変動で自然現象に数万年以上耐えられる地層処分地を見いだすことは困難です。自然現象で地層処分設備が破壊されれば、地下水への放射能汚染が拡大し、莫大な被害になります。トリウム溶融塩炉発電で高レベル廃棄物を無害化するなど地層処分以外の方法の検討が必要です。

38 ダムが土砂の堆積の場になれば災害の原因になる

ダムは堰堤といい、水力ダムは発電、治水、利水、治山などを目的として、河川や谷を遮断し貯水する土木構造物です。堰堤はコンクリートや土砂や岩石などでつくられた人工物です。ダムでは河川の流量をコントロールし、発電し、水を放流していますが、下流へ砂が流れない、という問題があります。「ダムは100年経つと砂に埋もれて使えなくなる」といわれるほどです。ダム設置による砂が貯水湖に堆積し、貯水湖が埋没してダム機能が麻痺する事態が起こります。この堆積物は堆砂といい、浚渫（しゅんせつ）によって貯水湖が浅くならないようにしています。また排砂バイパストンネルで砂を流す対策が試行されています。

土砂がダム内に堆積していけば、下流に流れる土砂量が減り、河床の砂礫の需給バランスが崩れます。流出しにくいサイズの礫が、貯水湖内で堆積し、泥が接着剤の役割で礫が固められ地層が形成されてしまいます。また河川の持つ土砂生産量が変化することにより海岸の土砂の需給が変化し海岸線が削られたり、土砂の流下量の減少は海岸侵食に影響します。また貯水湖の底には上流からの有機物が流入し、湖底に堆積し、撹拌が行われないことで酸素の少ないヘドロとなります。

ダム内に流入し、ダム内の土砂の堆積を堆砂率で表します。すなわちどの程度土砂で埋まっているかを示します。堆砂率が、20%を超えれば、堆砂が進

ダムと土砂堆積

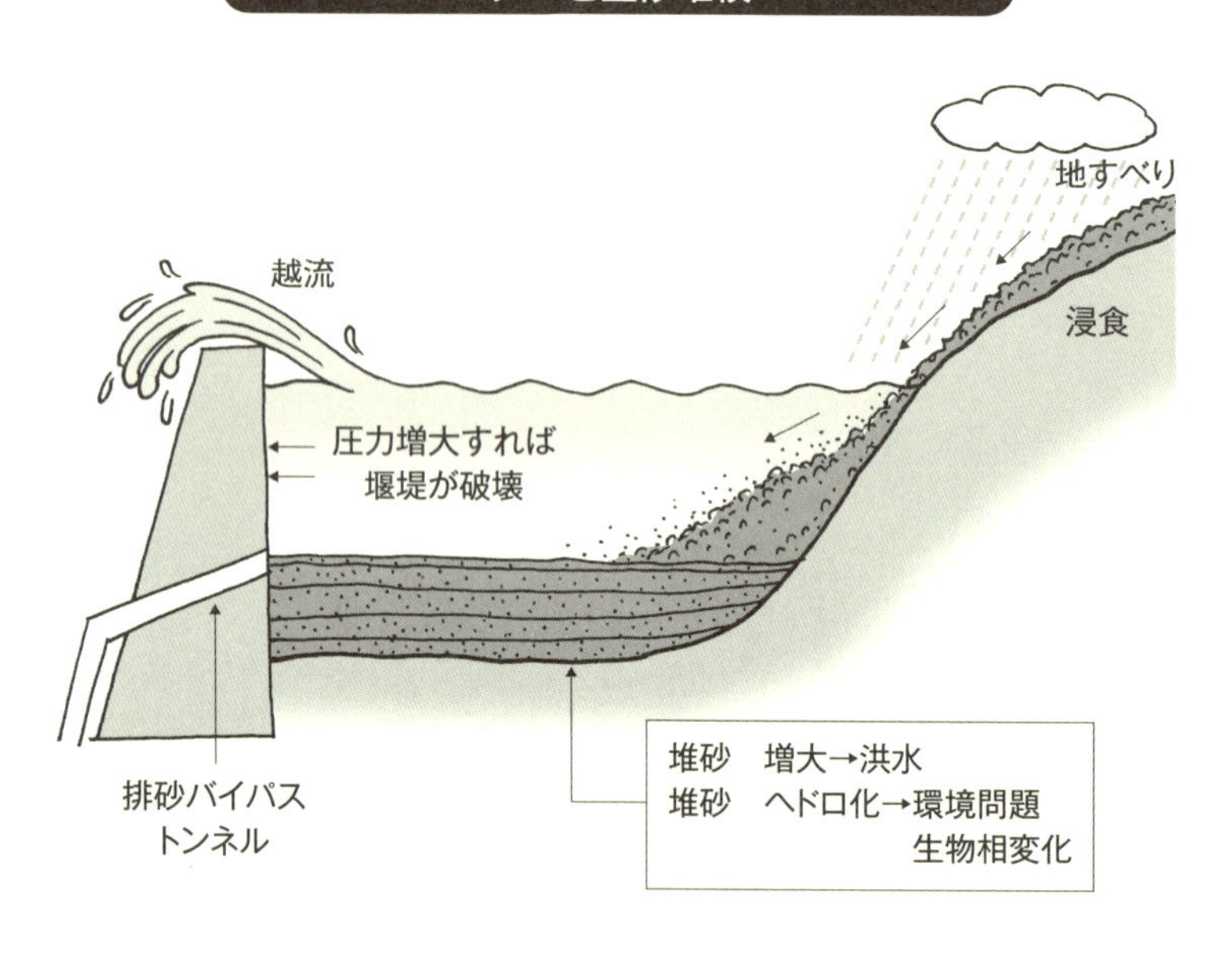

行していることを示します。水系別にダム堆砂率が測定され、中央構造線付近を流域に持つ天竜川や大井川などの水系内の全ダム堆砂率は30％を超えています。上流の浸食が進んでいるためです。堆砂は洪水調節機能の低下に直結します。貯水湖の底が上昇すれば洪水をもたらす要因になります。とくに集中豪雨は大雨によるダム本体からの越流や地すべりを誘発して堰堤を破壊し、決壊事故を発生させます。地震によっても堰堤が崩壊し事故になります。洪水時の土砂流入量の増加に対し洪水時に土砂を含んだ河水を下流に迂回させダムの堆砂を防止し、流砂機能を促進させていかなければなりません。

長年湖底に堆積した堆砂はヘドロ化し、枯死した植物による硫化水素の発生など環境問題も発生し、生物相の変化や壊滅に繋がります。

ダムの堆砂が地層を形成し、累積していけば、洪水など様々な問題を発生し、災害に結びつきます。

第6章

地層と地下資源

39 地層と資源利用は関係あるのか？

資源は金属、エネルギー、非金属に分けられます。一方資源は、その形態から層状、塊状、脈状に区分されます。しかし成因から見ると必ずしも層状が堆積源で、塊状、脈状がマグマ源というように分けられません。マグマ源でも層理面に平行に沿い、いかにも地層のように見える資源もあります。また生物源の石灰岩層をマグマ源からの物質に交代した亜鉛や鉛資源もあります。さらにもともとマグマ源の脈状、塊状として生成した資源も、構造運動で地表に現れれば、風化し削剥され、金属などの鉱物が運搬されて河床や海岸に堆積し、金や宝石を含んだ地層となっていきます。石油はもともと堆積源として形成されますが、生物から石油に変化し、構造運動で貯まりやすい場所に移動します。

海底資源も海底に層状に堆積し、地層を形成しますが、他の堆積物の地層とともに海洋プレートで移動し、大陸プレートに沈み込み、マグマ作用によって資源が溶融し、マグマとともに上昇し、地表に現れた資源の姿は塊状とか脈状になります。海底で形成された痕跡すら残していません。このような資源は、見かけなどからマグマ源と考えられています。

このように、ほとんどの資源は金属も、非金属も、エネルギーも堆積源かマグマ源に大別されます。探査によって見つけられた資源は形と量が明らかにされ、経済性が評価されて採掘され、産業、生活のための素材に利用されていきます。

主要資源と地層との関係

区分			種類	特徴	利用
堆積源	生物	地層	石油・天然ガス	石油形成後移動→貯留	エネルギー 燃料 化学工業
			シェールオイル・シェールガス	石油・ガス形成のままの状態	
			石炭	植物集積→炭化	
			鉄	バクテリア等の動き	工業
	堆積		岩塩	化学的沈殿・蒸発	食塩、化学工業
			金、 チタン等レアメタル	漂砂鉱床（2次堆積物）	工業
マグマ源		脈	金、各種メタル	断層、割れ目沿い	工業
		塊~地層	金、銅、亜鉛、 ウラン　鉄	塊状岩体として形成	工業、エネルギー
			ウラン、亜鉛	地層中にウラン溶液浸透、海水中の亜鉛など沈殿	
			海底熱水鉱床	中央海嶺などで形成、移動	開発中
		風化	ボーキサイト	花崗岩などマグマ源、岩体風化	工業

資源のあるところ

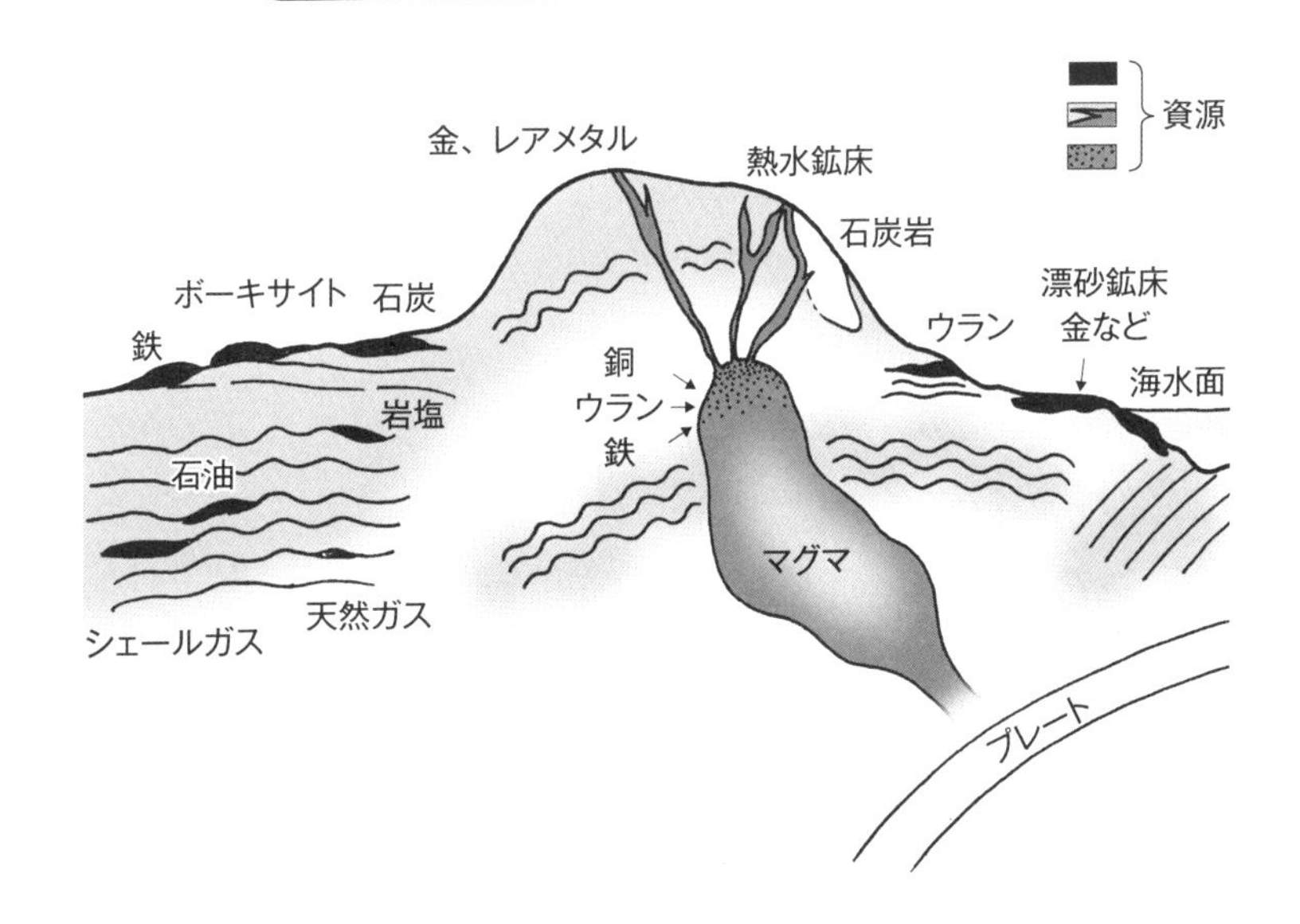

40 どんな地層が資源になるのか？

地層を構成する物質や構造運動などが、地層の形をとる資源になるかどうかの条件になります。

石油の場合は生物が遺骸として砂質堆積物に含まれるような地層の形成、続成作用を通して根源岩といわれる地層になります。この地層の石油になる生物遺骸、〝根源物質〟が変化し石油になれば、「シェールオイル」になります。〝根源物質〟が石油になり構造運動を受け、移動し上位の褶曲した砂岩層のなかに貯まっていきます。砂岩層は粘土層のような帽岩で覆われ石油が逸散しない貯留する地層です。また石炭は地層そのもので、湖底に植物遺骸が集積して石炭層をつくり、埋没して続成作用を受け、利用できる石炭資源になります。

鉄鉱層は光合成を行うバクテリアの働きで鉄分が沈殿して、鉄分の多い層と鉄分の少ない層が層状に発達して大陸棚や大陸斜面に形成されました。

河川底や海岸に近い海底に金属鉱物や宝石などは砕屑物質とともに流されながら堆積し、埋没し地層となり固結します。地層の中に有用鉱物の濃集したところが資源として利用対象となる漂砂鉱床（水や風の作用によって有用鉱物が砂礫に混ざって集中して堆積した鉱床）です。金、チタン、タンタルやレアアースのようなレアメタル、ダイヤモンドなどが採掘対象です。固結する前の地層でも採掘されます。簡単に採掘し、人力でも有用鉱物を取り出せるため、途上国では無法採掘が行われ、金などは水銀

マグマ源資源からの地層状資源

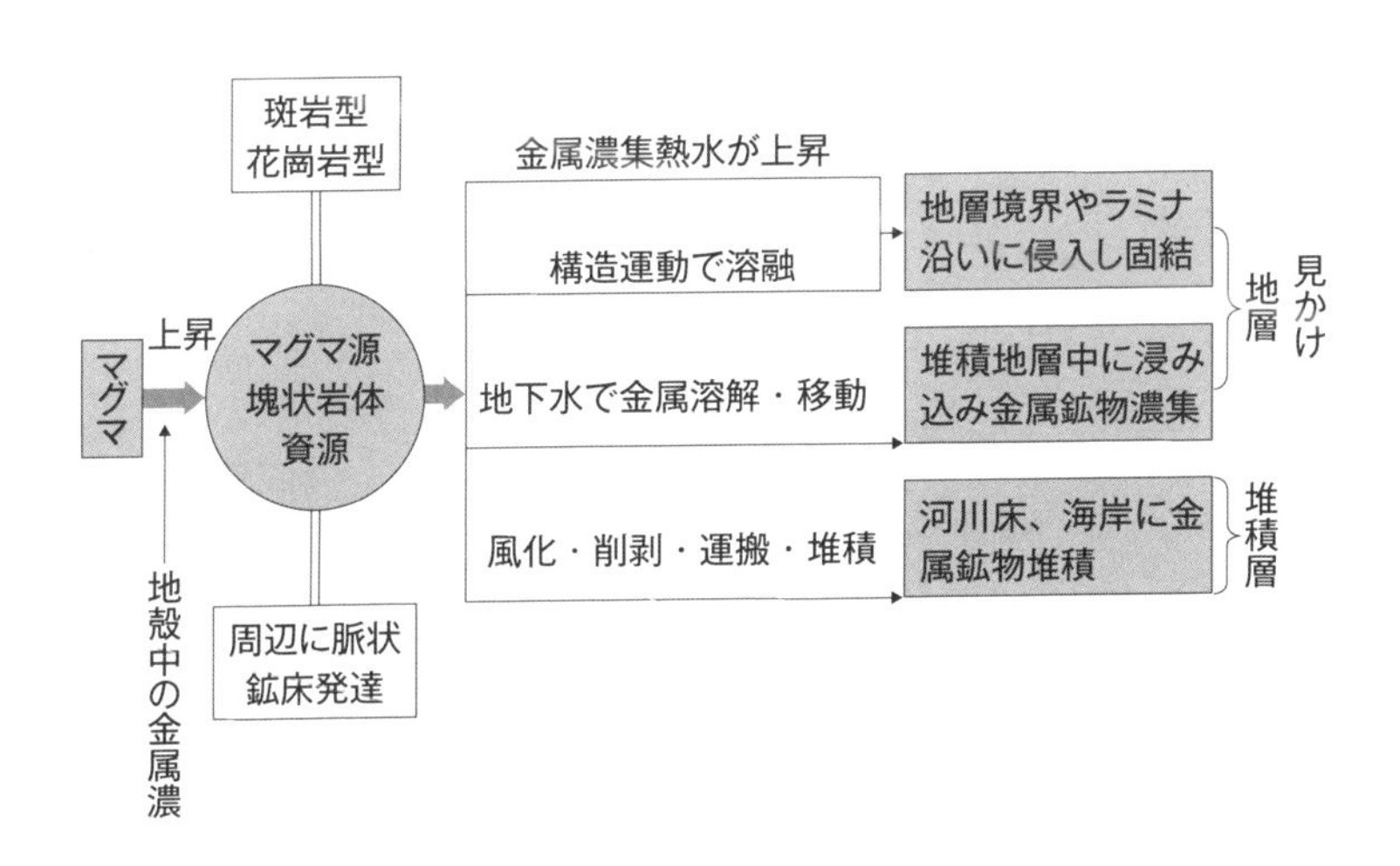

を使用して抽出するため環境問題になっています。有用鉱物を含み資源を形成している地層は連続しますが、経済性をもつ濃集部はその一部です。

火山灰や火山砕屑物層は、堆積物に覆われながら地層になっていきますが、質、厚さ、構成物、色調、堅さなどで建材などに利用されます。石灰岩層は化学成分が必ずしも均一ではありません。用途の条件に合う品質を持つところで採掘しやすいところが利用対象になります。岩塩も地層として形成されますが、構造運動で変形しやすいため品質と採掘条件で利用対象が決まります。

マグマの貫入によって地層や岩体の金属が溶け、マグマの温度の降下とともに、熱水に金属が濃集しながら断層や、割れ目に沿って脈状や塊状の資源を形成し、また地層の層理面も熱水の通路となり、層理面に沿って熱水のなかの金属が結晶化して地層状の金や銅などの金属資源が生成されます。

このような資源は、地層の層理面や葉理に沿い地層内に閉じ込められるため、見かけは層状の資源ですが、成因はマグマ源で堆積源とまったく異なります。またウランのようにマグマ源で形成されているウラン資源が地下水で溶解し、ウランを含んだ水が砂岩層など空隙の多い地層中に染み込みウラン鉱物が晶出すれば、層状のウラン資源となります。

このように資源そのものが層をなし、地層として存在しますが、見かけは地層状の資源でも2次的に生成した資源の場合もあり、多様です。資源の形成要因の追及は、資源探査対象地域の選択に影響を与えます。地層状のウラン資源が見いだされれば、河川の上流部でマグマ源の資源の発見を導く可能性があります。金の漂砂鉱床の場合も上流地域にマグマ源の金資源が存在する可能性があります。

地層と資源との関係における地層の役割を知ることが資源の新たな発見につながります。

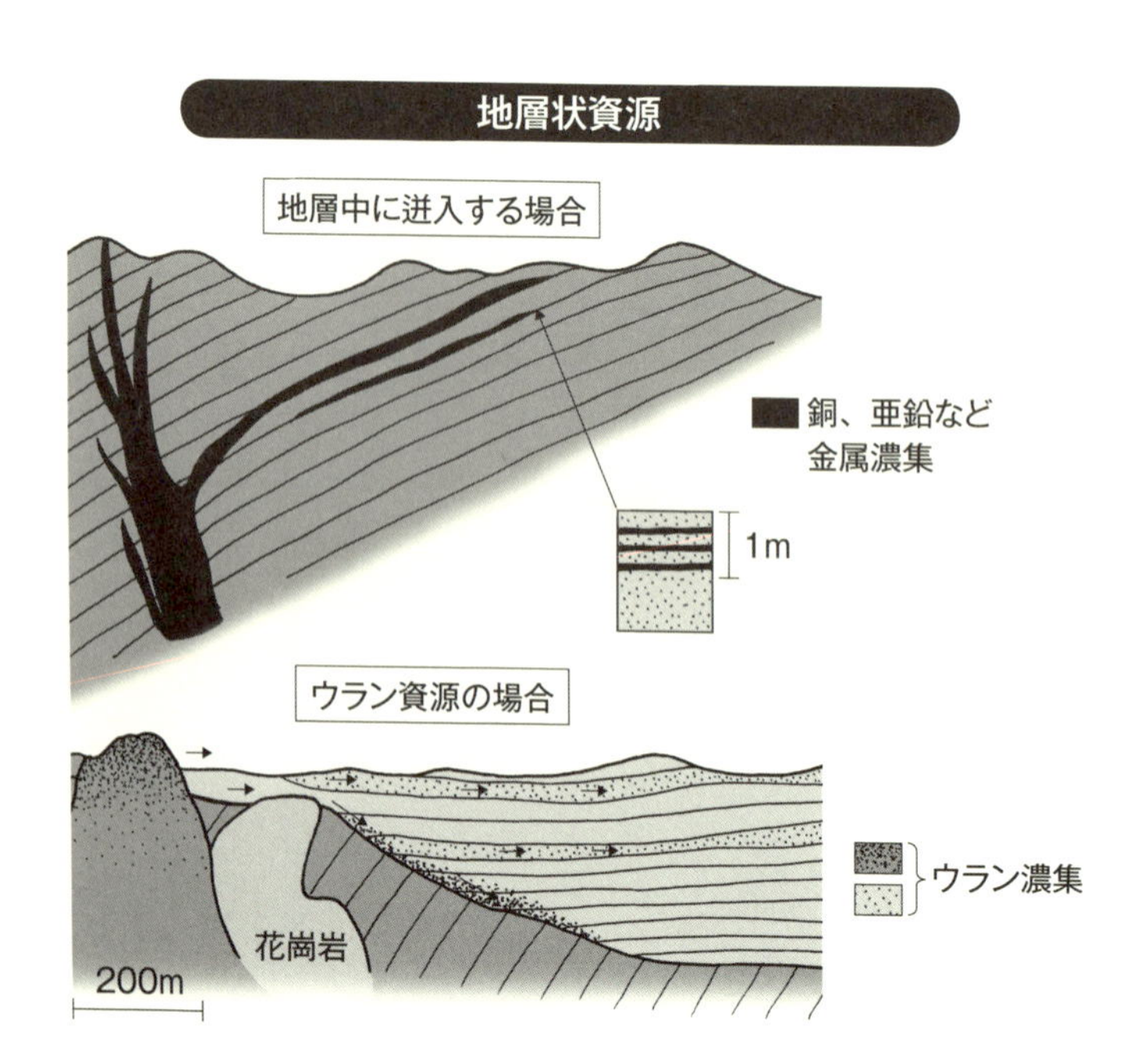

41 いろいろな化石燃料が眠っている地層とは？

石炭層以外の石油、天然ガスのような化石燃料資源は、形成する場所と溜まる場所が相違します。石油の場合は、形成は根源岩すなわち根源岩層ともいえますが、砂岩層です。〝根源物質〟を含む地層で、バクテリアの分解作用をともなう続成作用段階で〝根源物質〟がケロジェンに変質し、埋没による地温上昇と圧力の影響で原油が生成されます。すなわち石油です。熟成段階といわれています。さらに温度が高くなれば天然ガスが形成されます。構造運動を受けながら地層は褶曲しますが、石油も天然ガスも水より軽いため上の方や側方に移動し、褶曲の背斜構造の軸部付近の空隙の多い地層、砂岩層とか石灰岩層に貯蔵されていきます。石油、天然ガスの移動は粘土層のような帽岩によってストップします。

「シェールガス」はシェールガスが熟成段階に留まったままで、構造運動の影響も少なく濃集作用である移動がないため、根源岩層のままだった状態にある天然ガス層です。「シェールオイル」も同様に移動しなかった現地性の石油だと考えられます。「シェールオイル」とよく似て大変紛らわしい言葉ですが「オイルシェール」があります。これは根源岩層の埋没深度が浅いため、地中温度も高くならず圧力も低かったために〝根源物質〟が熟成に至らず、未熟成のままだった資源と考えられています。構造運動の影響もないため石油の移動が生じませんでした。

石油・シェールオイル層の形成形状

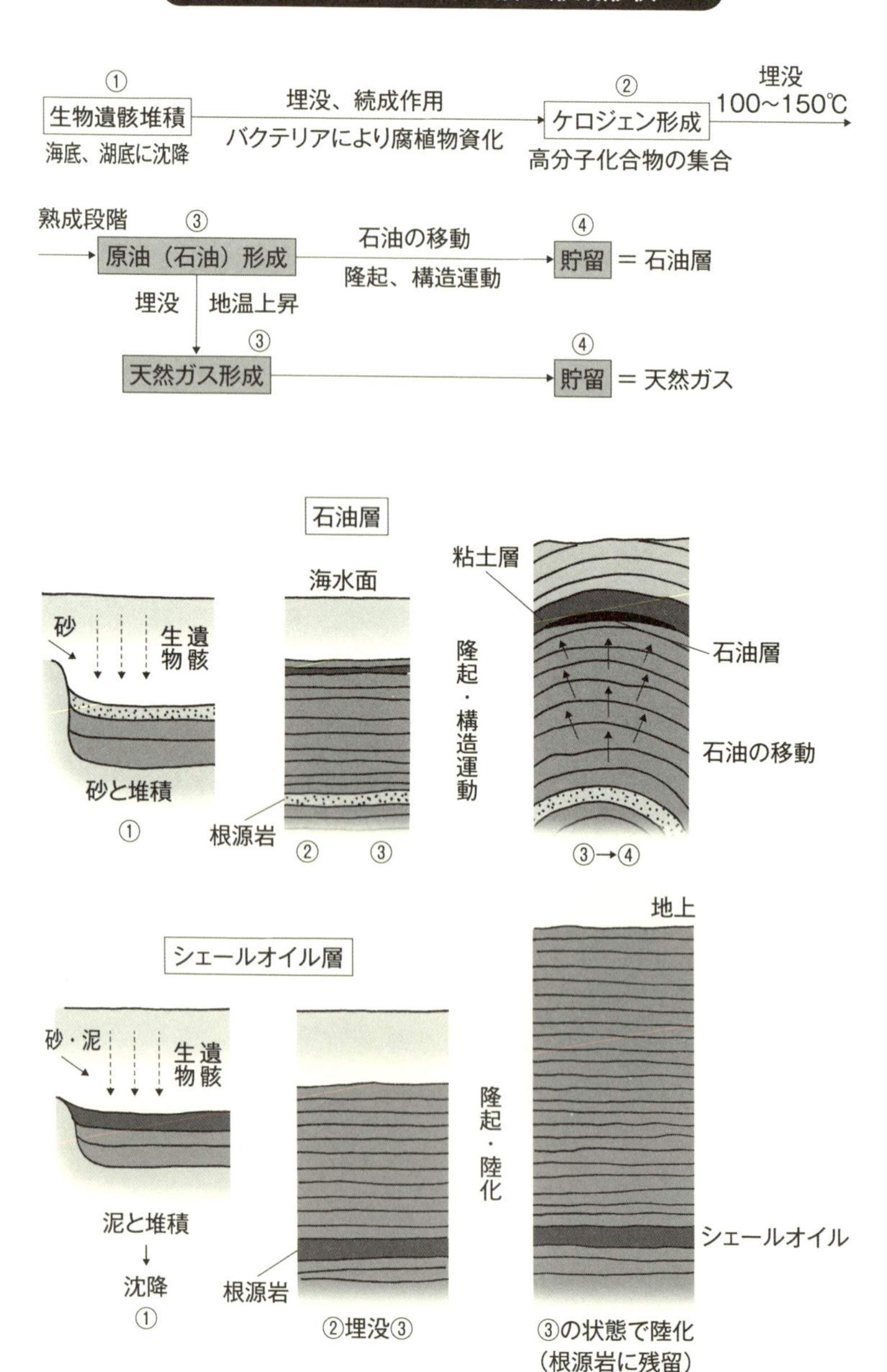

「シェールオイル」「オイルシェール」「シェールガス」も非在来型化石燃料として区分されています。これらは石油や天然ガスを移動させるような構造的〝熟成〟が起こらず、あるいは〝根源物質〟の熟成にいたらなかった資源で、いわば中途半端な形成だったのではないかと考えられます。また「オイルサンド」とか「タールサンド」という資源も非在来型化石燃料に含まれています。石油層や「オイルシェール」層が急激な構造運動を受けて地表に露出し、石油成分の軽質の炭化水素成分が揮発してしまった資源と考えられています。これらの非在来型化石燃料資源は、開発、生産に費用がかかるため、石油価格の動向に左右されます。

石油、天然ガスとも根源岩層の位置から貯留層になる位置への移動があるかないかにかかわらず、また熟成しているか未熟成か、などにかかわらず石油、天然ガスは地層として形成された資源です。

非在来型化石燃料

種類		生産	特徴	備考
オイル	オイルサンド（タールサンド）	○	半固体、熟成後揮発成分失うサンド中にスチーム注入し軟化させる	カナダ
	オイルシェール	○	母岩が頁岩の場合、石炭に似る固体	米国、ロシア他
	シェールオイル	○	根源岩中に石油が残留	米国他
	オリノコタール		粘性、密度が高い	南米ベネゼエラ他
ガス	シェールガス	○	根源岩中にガスが残留	米国他
	タイトサンドガス	○	シェールガスの一部移動。貯留岩劣化	米国他
	コールヘッドメタン	○	石炭層に含有。炭層メタンガス	石炭鉱山
	メタンハイドレート		ガスが圧力によって凍結。メタン化合物	日本近海他海底、凍土

42 生物がつくる地層資源

生物がつくる地層で資源として利用される代表は、鉄鉱層、リン鉱石層、石灰岩層などです。

この中で鉄鉱層は、縞状鉄鉱層といい鉄資源の主要供給源です。バクテリアのストロマトライトの光合成で生産される酸素が、海水に溶けていた鉄イオンと結びつき、大量の酸化鉄が沈殿して厚さ数センチメートル以下の鉄分の多い層と鉄分の少ない層が繰り返して縞状鉄鉱層を形成します。酸化鉄は赤鉄鉱（Fe_2O_3）、磁鉄鉱（Fe_3O_4）で27億年前～19億年前に各大陸に近い大陸棚や大陸斜面に形成された大規模な鉄資源です。この他の鉄資源として海底火山活動により生成され、広域変成作用を受けた層状の鉄鉱層やマグマが関係した塊状や脈状の鉄資源も知られています。

リン資源は成因的に堆積源とマグマ源とに区別されます。堆積源の資源は海底で生成された層状燐灰土資源です。海水に多量のリン酸塩が溶解し、堆積して形成された層状の資源です。リンの起源は生物遺骸や化石や微生物の働きにより生成したと考えられています。リン鉱石層の上下位に燐灰質頁岩、石灰質頁岩やチャートなどの地層をともないます。

また、島の珊瑚礁に海鳥の死骸や糞や卵の殻などが長期間堆積し、化石化して形成された糞化石質リン鉱資源もあります。なお、マグマ源資源とされる炭酸塩マグマにより石灰質岩に大量の燐灰石をともない塊状の資源を形成します。

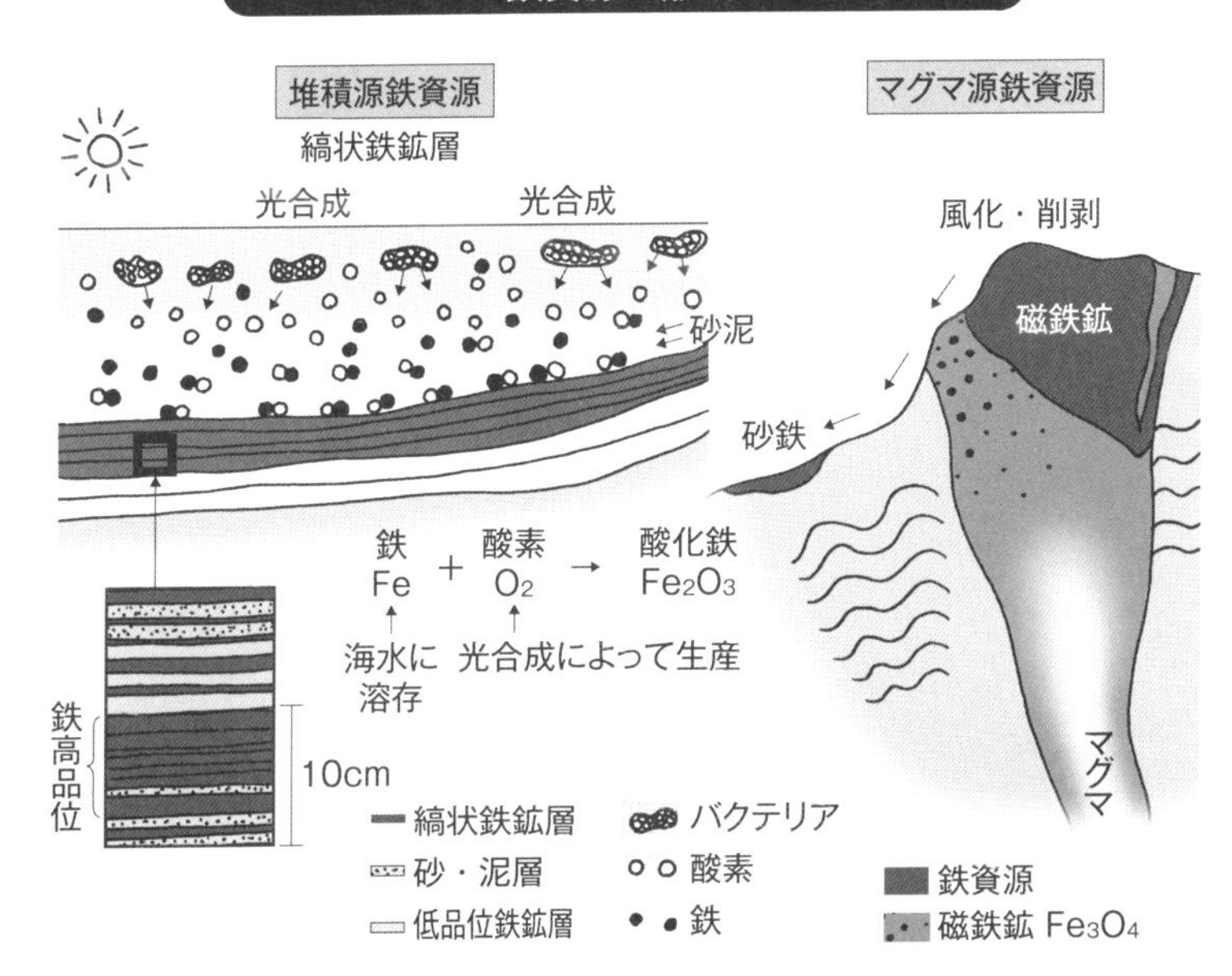

石灰岩は石材やセメントに利用されますが、このほか土壌改良剤や鉄の製錬での不純物除去などに広く使用されています。石灰岩の成因は生物起源と化学的沈殿起源の2種類です。石灰質の殻をもつ生物の遺骸などの生物起源と、化学的沈殿による石灰岩は両者が混在している場合がふつうです。

サンゴ礁からなる海山の頂部や周辺にサンゴ、ウミユリ、フズリナなど多種類の炭酸カルシウムの生物の骨格や殻が堆積し、集積した石灰質堆積物は、堆積環境の変化とともに砕屑物質による堆積物に覆われながら、地層になっていき層状の石灰岩層を形成していきます。生物起源の石灰岩層でも続成作用によって化石の痕跡が少ない場合もあります。石灰分を多く含む温泉水の沈殿物が堆積して塊状あるいは層状の化学的沈殿の石灰岩を形成します。

このように生物がつくる資源は、縞状鉄鉱層も層状燐灰土資源も石灰岩層も露天掘大規模資源です。

43 金属や宝石も堆積し、地層をつくる

堆積性の資源は、鉱床が地表に露出し、風化・削剥されて金属鉱物などが水によって礫、砂、泥などと一緒に運搬されて堆積します。運搬の過程で水に溶けやすい鉱物であれば、運搬中に溶解してしまいます。金やレアメタル鉱物や一部の宝石は水に溶けず、運搬されていきますが、鉱物の比重が重いか、あるいは摩耗性に強く、水との反応が起こらず、運搬中に川底や川岸に堆積します。長い期間に水流が遅くなるところや川が蛇行するようなところに堆積していきます。

さらに、下流まで運ばれれば、河口付近に、また湖底や沖積平野や海浜など様々な環境に堆積し、漂砂鉱床といいます。レアメタルだと比重の重い多様な鉱物と共存するため重砂鉱床ともいいます。

化学的に比較的安定な鉱物が濃集し、堆積した砂礫質の資源で、金やレアメタル鉱物が含まれている範囲は層状やレンズ状の形態になります。ふつう数十メートルから数キロメートルの長さの堆積物で、さらに礫、砂、泥によっておおわれていけば、漂砂鉱床の地層になっていきます。河岸段丘は昔の河川によって形成された地層からなりますが、このような砂礫層にも鉱床が形成されています。

金は比重19・3で水の1に対し、19倍ほどの重さです。金は自然金かエレクトラムという金銀からなる鉱物で、金粒です。マグマに関係した熱水鉱床として生成され、その露頭が金の供給源になります。

ダイヤモンド鉱床

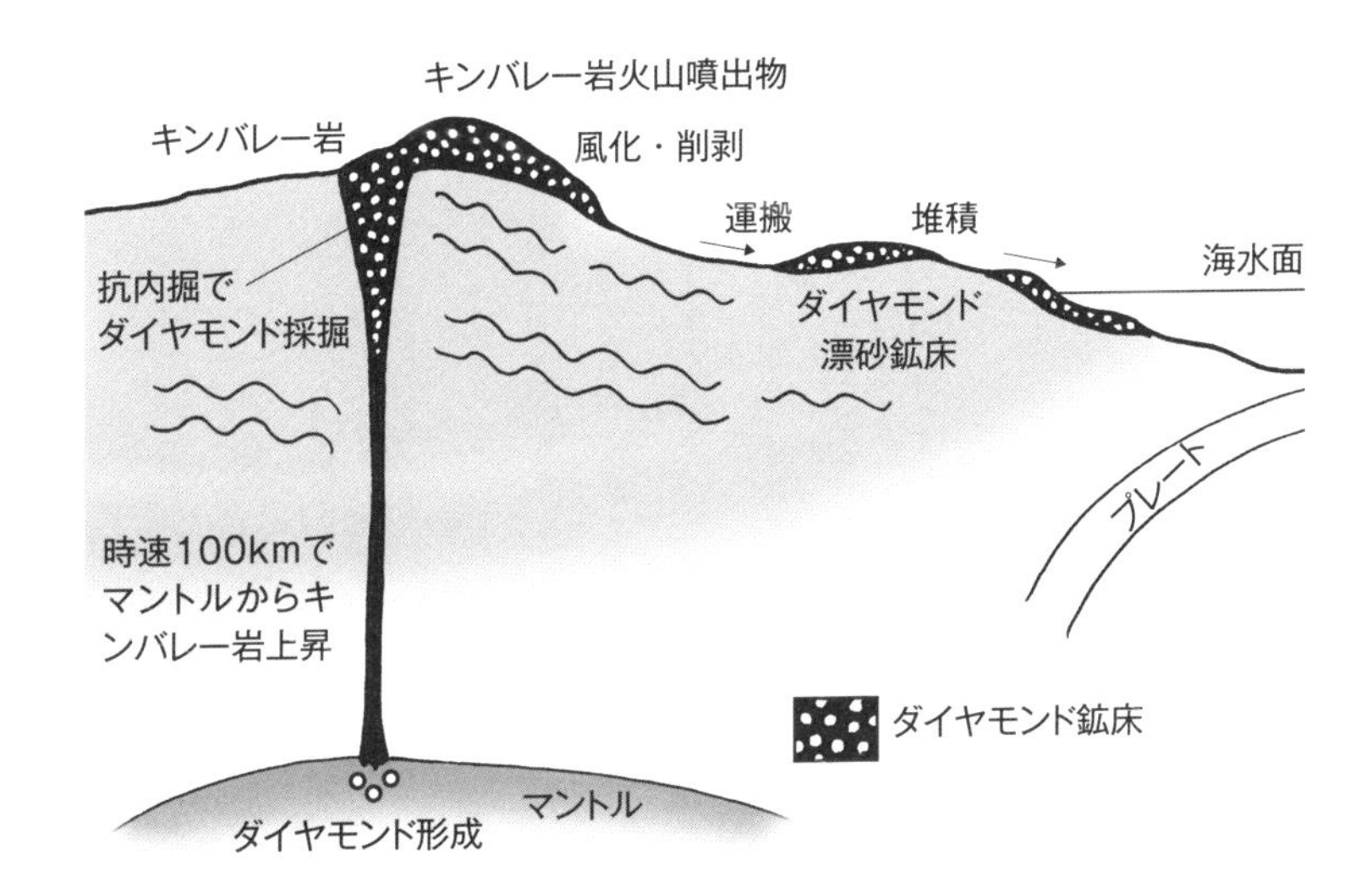

堆積性レアメタル鉱床

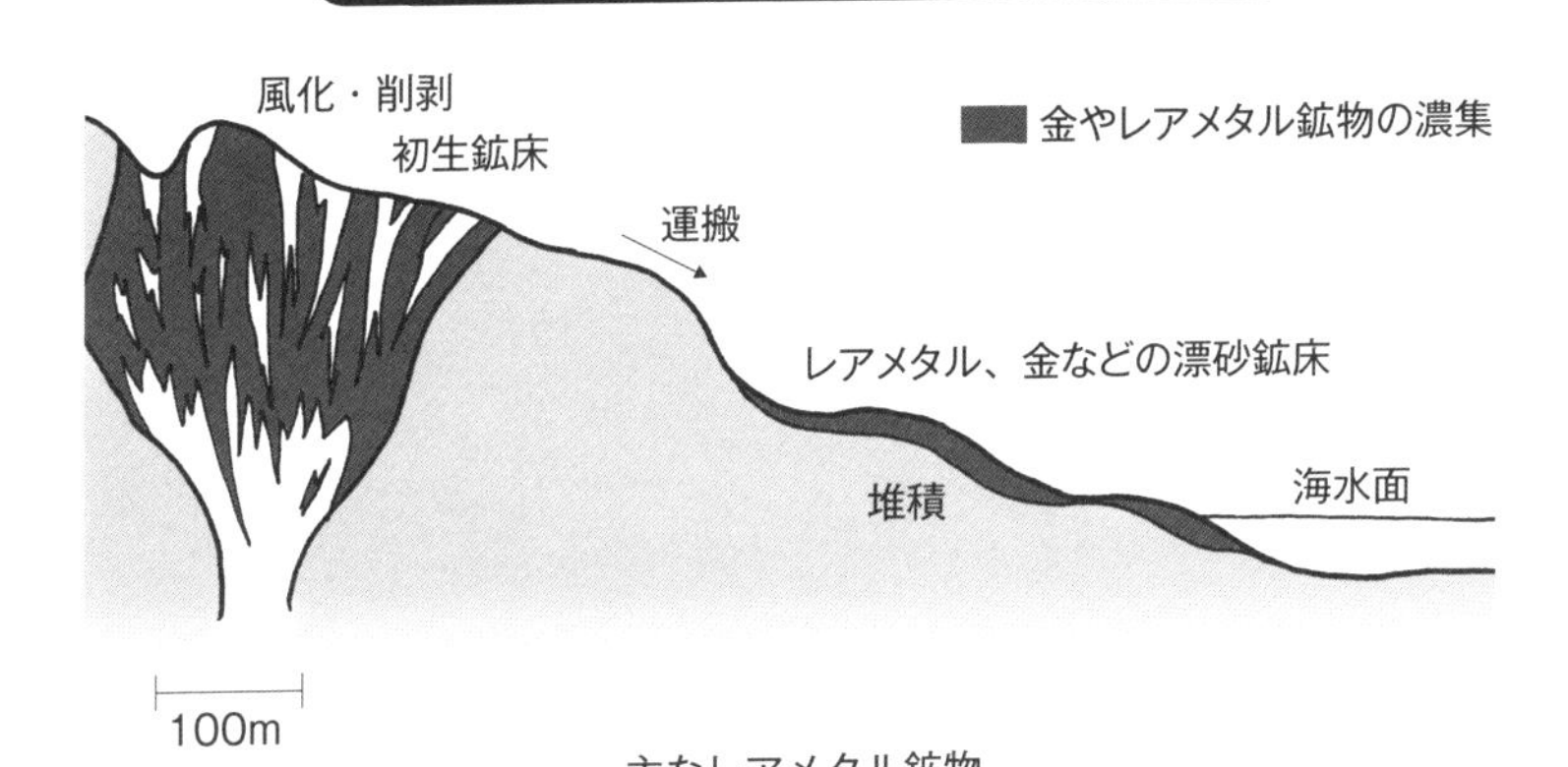

主なレアメタル鉱物

レアメタル	記号	鉱物		初生鉱床
チタン	Ti	チタン鉄鉱	$FeTiO_3$	花崗岩
タンタル	Ta	タンタル石	Ta_2O_6	ペグマタイト
レアアース	RE	ゼノタイム	YPO_4	アルカリ花崗岩
ジルコン	Zr	ジルコン	$ZrSiO_4$	ペグマタイト、花崗岩

この供給源も探査によって見つかれば、塊状、鉱脈の初生鉱床として採掘されます。したがって漂砂鉱床を2次鉱床といいます。金粒は移動距離が長くなればだんだんと丸みを帯びます。その金粒の起源となった鉱脈の性質や沈殿環境などから、金鉱物の多くが自然金です。このような堆積源金鉱床に対し、初生鉱床で塊状硫化物金銅鉱床があります。銅鉱物と金鉱物が共存したマグマ源です。

レアメタルの漂砂鉱床は重砂鉱床で、レアアース鉱物のモナザイト、チタン鉱物のイルメナイトやルチル、ジルコン、錫石からなり比重が重く4・5〜7ほどで金よりも軽く、遠くへ運ばれ、砂や泥とともに川底や海岸に堆積します。海岸では数キロメートルにわたりレアメタルの漂砂鉱床を形成します。レアメタル鉱物は砂粒として濃集して層状となり、鉱床自体が地層をつくります。

宝石鉱物のなかでもダイヤモンドやヒスイなどは水に対する摩耗や化学反応の抵抗力が強く、水で運ばれながら川底や川に堆積します。希少で含有は僅かです。明瞭に地層を形成しているわけではありませんが、ダイヤモンドを含有する漂砂堆積物です。このような宝石を含む堆積物の分布する範囲が、地層の一部をなします。

ダイヤモンドは1000キロメートルという地球深部のマントルから急速に地上に噴出したキンバレー岩に含まれています。キンバレー岩はマントル物質です。地上に噴出し激しい噴火により火山噴出岩である角礫岩、凝灰岩や塊状岩などの火山堆積物が噴出口周辺に累積しダイヤモンドを含みます。噴出口から地下はパイプ状のキンバレー岩です。500メートル以上の長さの火成岩でダイヤモンドを含有します。これらは削剥されながら水によって運搬され、川岸や海岸沿いにダイヤモンドを含む堆積物が、再堆積し地層になっていきます。

Column

活断層における工学と科学の融合

18世紀、英国で産業革命が起こった時代、石炭の需要が急増し、炭坑では蒸気機関を取り入れた排水と運搬で増産体制を築き始めました。しかし、肝心の石炭層が突然と切羽（採炭の場所）から消え、手探りで探しますが見つかりませんでした。この原因を探ることが地質学を発展させました。

地層累重の法則や体系的な応力場を解きながら3次元での炭層の構造を示すことができるようになり、合理的な採掘と効率的な探査に繋がりました。工学と科学の融合です。

原子力発電所にとって活断層の存在は建設の可否にかかわる重要問題です。すでに建設され稼働している発電所の安全性評価に関しては所内の活断層の位置や変位量、変位方向を明らかにするような工学的視点での調査が必要不可欠です。また20世紀の地質学が生み出したプレートテクトニクスのメカニズムからの発電所周辺の構造運動と活断層との関係を究明していく地質学的調査が要求されます。この工学と科学との融合が精度を高めた活断層の特徴を明らかにし、将来予測やリスクを具体的にします。活断層が存在していたり、活断層の活動で安全の確保が難しいのであれば建設用地として不適となります。このためにトレンチを掘り、地質学と地質工学と土木工学を合体した調査をしなければならないでしょう。しかし、現実はそうなっていないようです。このような調査もせず、原子力発電所は建設されています。実際は発電所の活断層について地質学の視点からの断層活動可能性予測が求められています。今の地質学はそれに答えるだけの精度は持っていません。

工学と科学には大きな視点の差があり、「原子力発電所の活断層」という課題は両者が補完関係で融合しなければ評価できません。

44 地層と水脈と自然貯水池

地下水は重要な地下資源です。産業の拡大と世界的な人口増大で、大量の地下水が、工業、農業、生活に使われるようになってきました。水資源の過剰な利用、地下水の過剰な汲み上げ、汚染の拡大、安全な生活用水の確保、水資源の不足による地域紛争などの問題が大きくなってきています。

帯水層で水が地層に飽和していればその水を地下水といい、地層水です。地下水面より浅い土壌に水が満たされていない場合は土壌水と呼ばれています。地層水は地下水面より深いところの水で、地下水を汲み上げる（揚水）と地下水面が下がり、貯留量が減少し、地盤沈下を起こします。

地表の水（降水や河川水）が地下に浸透し、地下水となることを涵養（かんよう）といいますが、帯水層への自然状態での涵養量が貯留量とバランスを保つことが地下水を管理することです。帯水層自体が水脈で、水流としてゆるやかに動いています。また自然貯水池としての役割を担っています。地下水面を調節しながら、貯水池の機能を発揮しているので、涵養の増減に対し、利用量を調節し貯水池の量を減少させないようにしなければなりません。

地層には濾過作用があります。工業、農業用水や生活水により、地下水が汚染されれば、地下水が利用できない地域が増加していきます。水は地上や地下、そして大気中を長い時間をかけて循環しています。地層水に数十年以上にわたり滞留しています。

地下水と自然貯水池

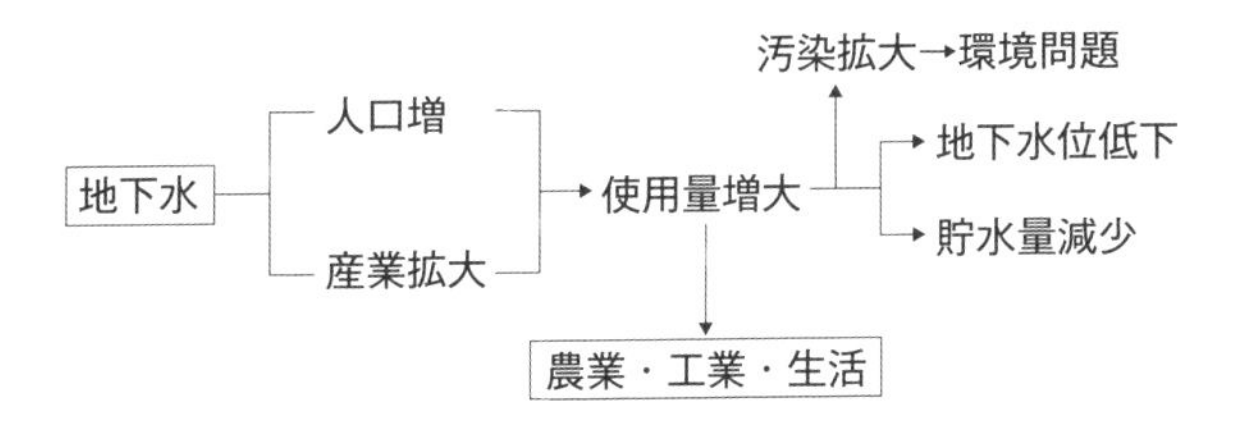
地下水
人口増
産業拡大
使用量増大
汚染拡大→環境問題
地下水位低下
貯水量減少
農業・工業・生活

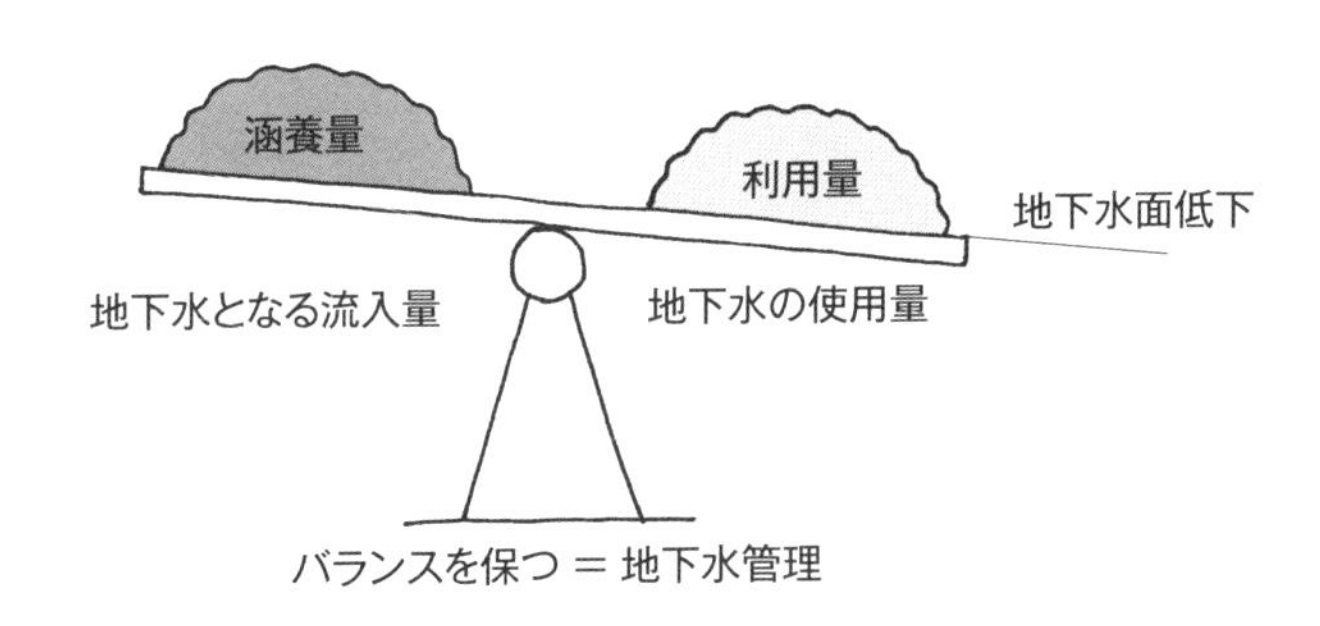
涵養量
利用量
地下水面低下
地下水となる流入量
地下水の使用量
バランスを保つ ＝ 地下水管理

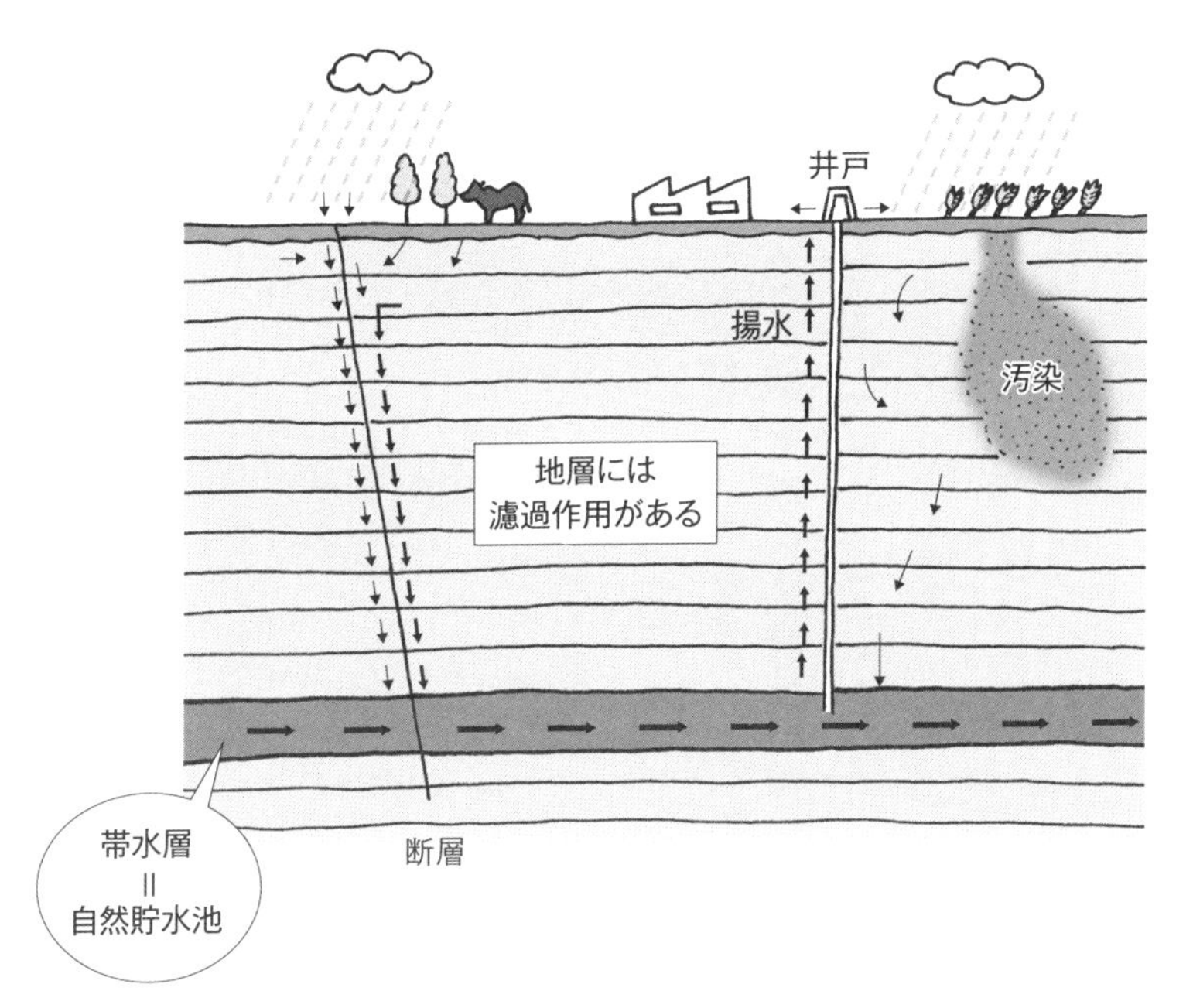
井戸
揚水
汚染
地層には
濾過作用がある
帯水層
＝
自然貯水池
断層

45 塩湖と地層と電気自動車

世界にはリチウム資源が広く分布しています。火成岩や塩湖かん水中にリチウムは多く含有されています。火成岩ではマグマ源のリチウム鉱物を含有する脈状の資源も多く、リシア輝石や葉長石などのリチウム鉱物を含みます。海水にもリチウムが含まれていますが、回収する技術はまだ研究開発段階です。

世界のリチウム資源の埋蔵量は莫大です。塩湖のリチウム資源からの生産が70%で、マグマ源のリチウム資源からは30%が生産されます。塩湖のリチウムは、リチウムに富むかん水からリチウムを抽出しています。

塩湖のリチウムは、塩湖の周辺の温泉と関係があるとされています。現在リチウム資源が回収されているチリのアタカマ塩湖のそばには火山活動にともなう地熱地帯が存在し、火山がリチウムの供給源として有力だと考えられています。米国でもシルバー・ピーク塩湖はリチウムに富む塩湖で、周辺の火山から溶脱されたリチウムが、温泉水や河川水によって塩湖に運搬されたと考えられています。

これらのリチウムを含む温泉水や河川水が盆地内で、乾燥気候下の蒸発により濃縮され、リチウム濃度の高いかん水が生成されます。このような塩湖はリチウム、炭酸ナトリウム、ホウ素、カリウムなどの元素や塩類を含んでいます。

リチウムの主要な用途はバッテリー電池です。そ

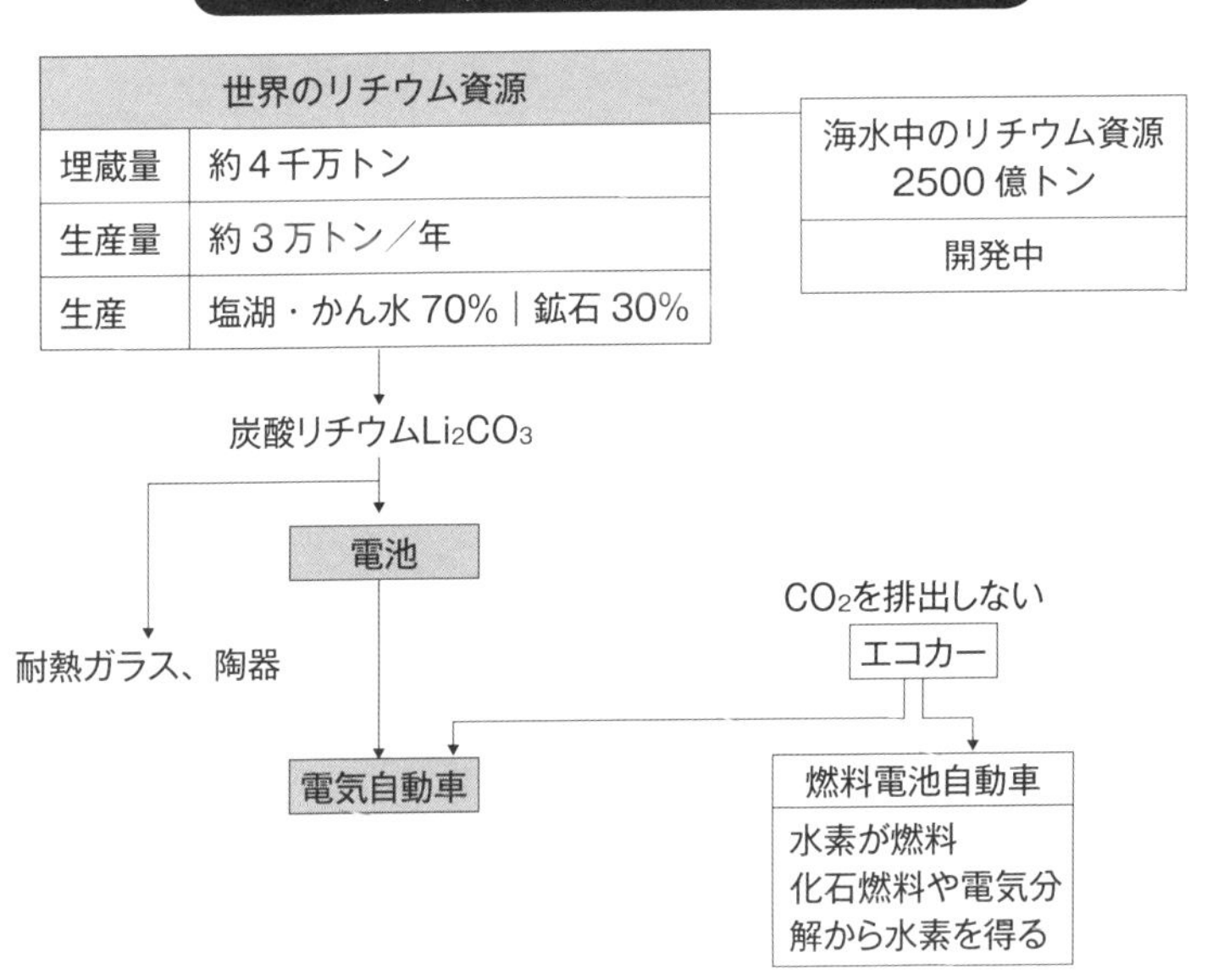

の電池の中でも電気自動車に利用されるバッテリーが今後拡大しそうです。塩湖からのリチウム生産がさらに増加していく傾向です。コスト競争力のある塩湖からのリチウムが供給量を拡大させています。

世界の中で、チリやアルゼンチンの塩湖などのリチウムが主要供給源となっています。塩湖が蒸発していけばリチウムに富む地層となります。しかし、リチウムの塩湖は品位から見れば、リチウム層として形成されるわけではありません。リチウム高品位の岩塩層は、化学的沈殿による堆積層になりますが、いまのところこのようなリチウムを濃集している地層は確認されていません。

将来の電気自動車用リチウムの需要が増大しても資源自体は十分に存在しています。多様なリチウム資源があり、まだ探査の歴史も浅く、リチウム濃集の地層の存在の有無やリチウム資源の成因への解明も今後の課題です。セルビアではリチウム鉱石資

リチウム資源

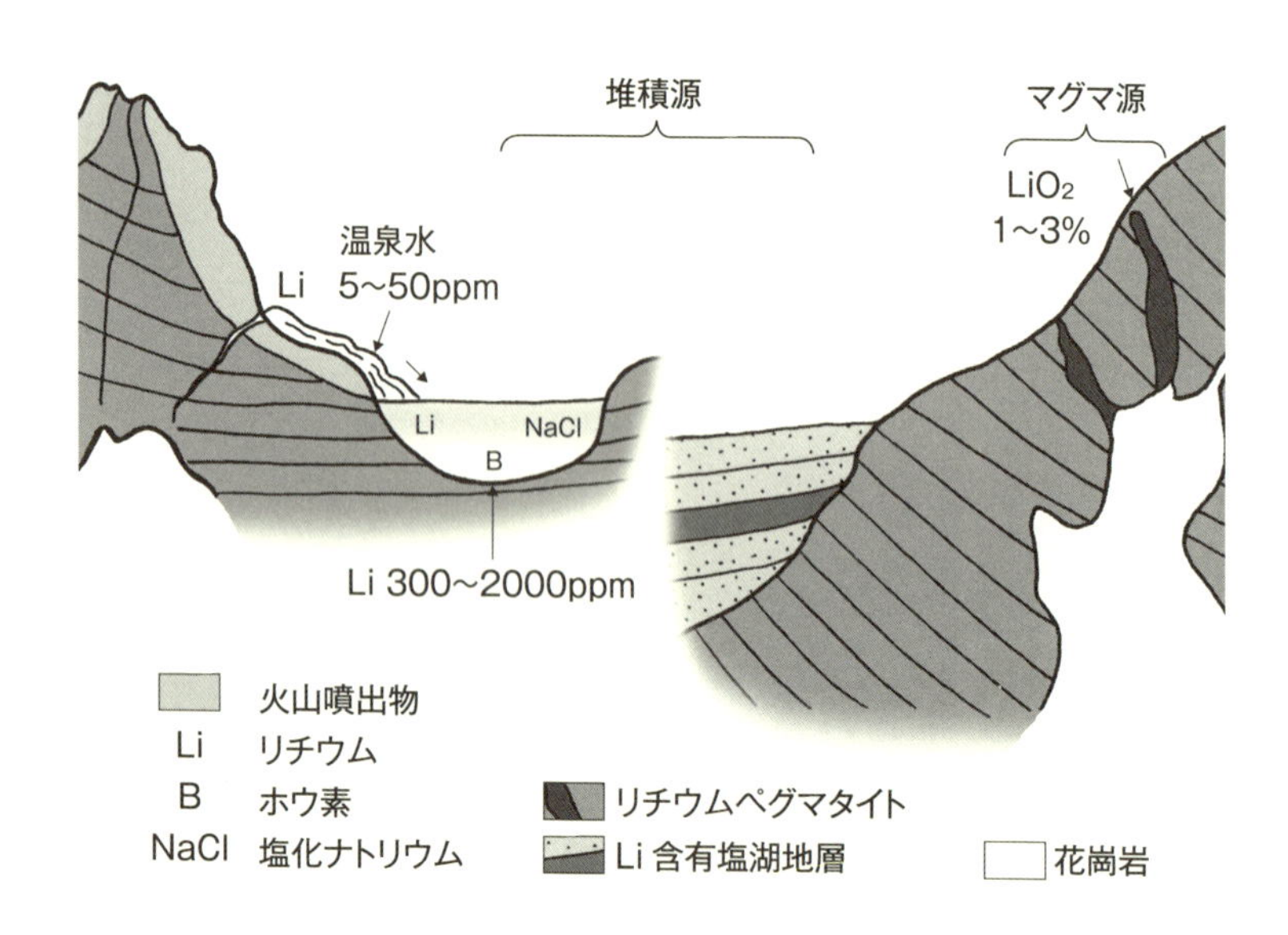

源の開発が検討されています。

電気自動車は二酸化炭素を排出しないため、エコカーとしてその普及が期待されていますが、電気自動車の充電ステーションなどインフラの整備は始まったばかりです。塩湖のリチウムの需要の拡大は、電気自動車の軽量化やバッテリーシステムの交換、充電システムなどの開発にかかわっています。

なお、エコカーとして電気自動車と比較される燃料電池車の開発が急激に進んでいます。電気自動車とともにこれからの自動車を担うでしょう。燃料電池車は水素を燃料にします。シェールガスや天然ガスから水素を取り出したり、自然エネルギーから得られる電気での電気分解で水素をつくります。

塩湖への関心がリチウムの存在で注目されています。

46 岩塩と石油と地層は関係している⁉

塩資源は岩塩か海水から採取しています。地球表面の70・8％は海で、海水中の塩の濃度は平均2・7％とされています。地殻変動などで海底が隆起し、海水が陸に閉じ込められれば塩湖となります。海水が蒸発して塩の地層が形成され結晶化したものです。塩の地層が砕屑粒子の堆積物で覆われ、地下に埋没すれば硬い岩塩となります。岩塩の多くは無色、白色、淡い青色、桃白色、紅色、紫色、黄色など、産地や地層によって多様な色をしています。含まれるミネラルやイオウ成分、有機物の混入や地中での放射線の影響などによるものです。

岩塩が水で溶かされ、地下に貯まれば天然かん水となります。地上であれば、岩塩が雨水で溶かされたり、地層が風化・削剥されてその中に微量含まれる塩分が川に流れ、海水に溶け込みます。

岩塩は構造運動を受けなければ平らな地層として地層中に存在しますが、褶曲運動を受けるとドームをつくります。岩塩層は他の岩石より軽く可塑性が高く、地層が圧縮を受けると垂直方向に岩塩層を覆う地層中に貫入しながら絞り出され「岩塩ダイアピル」と呼ばれる盛り上がり構造をつくります。

岩塩は浸透性がないため地下の岩塩層は岩塩と他の曲げられた岩石の間に隙間ができると、石油や天然ガスが溜まる場所となります。このような構造付近は石油探査指標の1つです。この結果、米国をはじめ世界各地の油田、あるいは海底に油田が見つけ

岩塩と石油資源

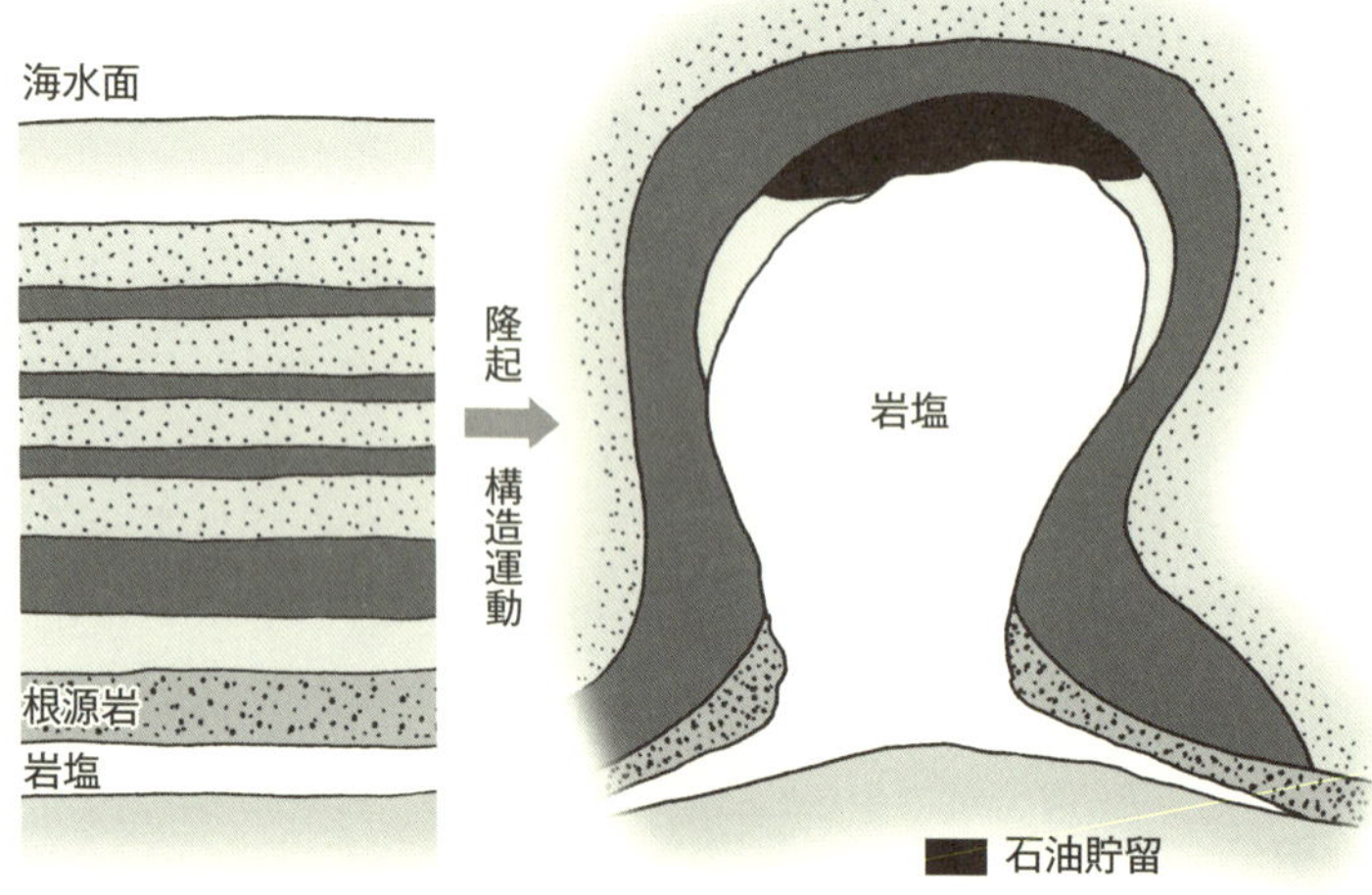

られています。地質時代の厚い岩塩は米国や欧州、中東、アフリカに分布します。

１９０１年に米国テキサス州において、岩塩のドーム「スピンドルトップ」でボーリングによる探査が行われました。掘削３４７メートルの地点で１日10万バレルという大量の原油が噴出しました。これが現代の石油産業の誕生となり、石油時代の幕開けとなりました。この噴出で米国の石油生産量は３倍と増大し、世界最大の石油生産国ロシアを抜きました。また、岩塩の見方を大きく変えました。岩塩ドームは異物の浸透をゆるさない封印力と石油の貯留のための帽岩の役割もあることがわかりました。

アラル海は、カザフスタンとウズベキスタンの国境をまたいで中央アジアのキズルクーム砂漠にあります。内陸湖で湖からの流出がない塩湖です。１９６４年では広さ世界第４位でしたが、ソ連時代の１９６０年代以降農業用水のため川から大規模取水を行い5分の1の広さになってしまいました。

天山山脈やパミール高原の融雪水がシルダリア川、アムダリア川となり、灌漑用水として取水され、使用後川に戻る水はほとんどなく、湖水は枯渇に向かい塩濃度は4倍以上に上昇し、干上がった湖底では岩塩となる地層が形成中です。そのため塩分を含む砂が飛散し周辺農地に塩害が生じ、植生が失われ、生態系が変わり気候が変動するようになりました。塩分摂取による健康被害も顕在化しています。「世界最大の環境問題」です。

岩塩層をつくる塩湖は自然の営みを崩せば、大きな損失となり、回復は不可能です。

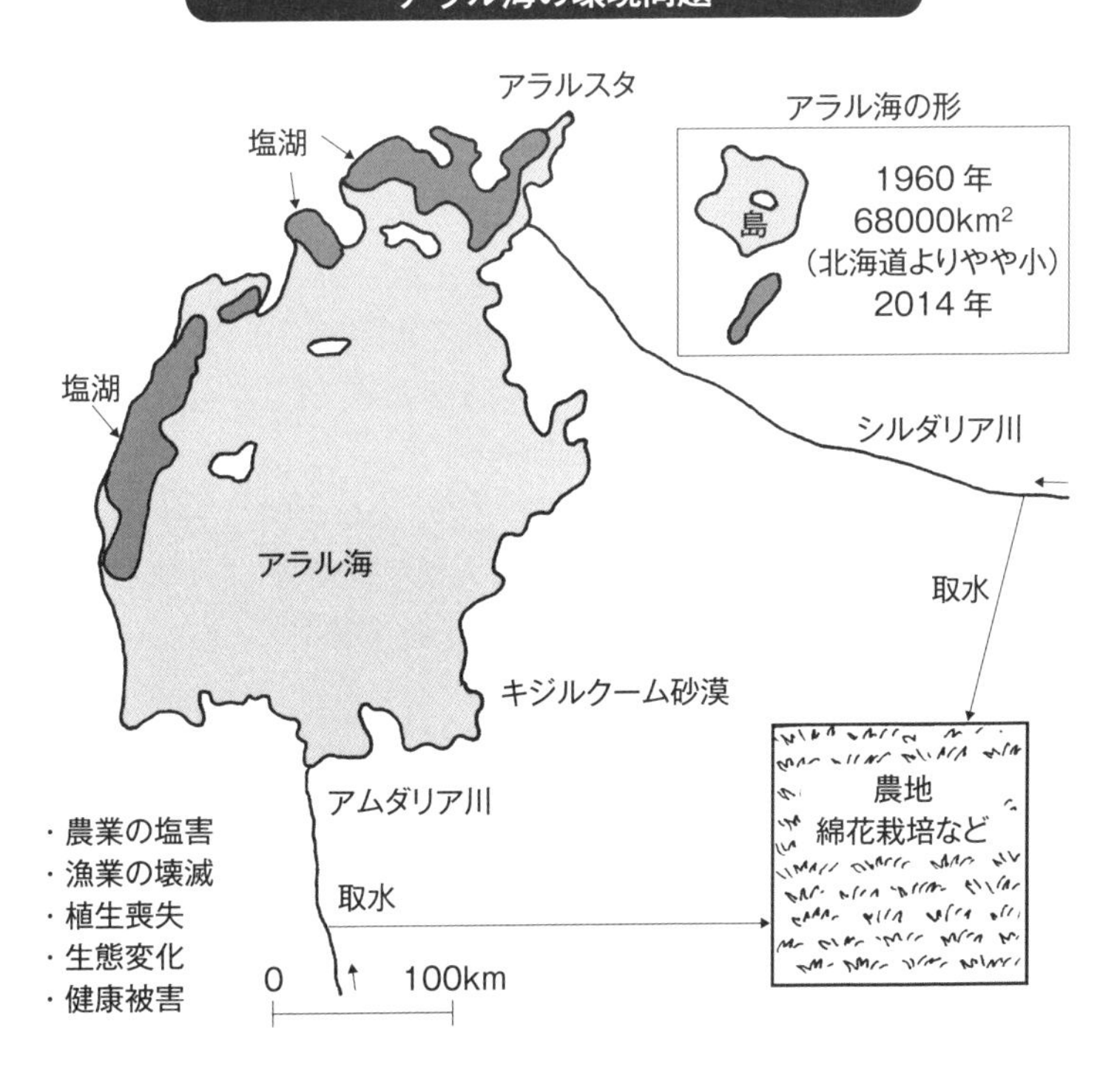

Column

塩、貴重品の時代から大量生産の時代へ

今では塩はどこにでもあります。しかし19世紀に入り地質学が発達し、化学技術が発達するまでは、塩は貴重でなかなか手に入らない必需品でした。地下への掘削技術が発達し、地質学からの塩の起源の追求と塩の探査により19世紀後半には地下に豊富な岩塩層が世界中に膨大にあることがわかりました。また19世紀初頭にナトリウムの単離に成功し、塩の成分への理解が深まるようになりました。

塩の用途が生み出され、ソーダ工業や製塩業の発展につながりました。食用以外で苛性ソーダ、漂白剤、金属洗浄、不凍液、農薬、染料、合成洗剤、化粧石鹸などその用途は多様に生み出されました。さらに20世紀には近代工業により塩を大量生産できる技術、システムが築かれていきました。

古来より塩は「いかにに手に入れるか」という人類共通のテーマであり、貴重品のため塩を獲得する戦争をおこし、塩本位制を施行し、塩を通貨として使用したり、課税対象として専売制で資金を徴取し、国際交易品として他国との交流の手段になったり、塩で給料を支払ったりして、貴重なものとして扱われてきました。

塩の大量生産化、岩塩層の探査で、塩の価値は時代とともに変化しました。今では塩を貴重品としては誰も考えません。しかし、「塩がなければ生きられない」ため世界中の多くの地域で塩を求め、塩のない地域に塩を運搬しました。人間ばかりか家畜にも塩は必需品であり、馬は人間の5倍、牛は10倍も必要です。

日本でも塩をつくる海岸地域から塩のない内陸の山間地に塩を運ぶ「塩の道」が日本中津々浦々、毛細血管のように塩の運搬路を発達させていきました。そしてこの「塩の道」は塩だけでなく交易路としての役割も果たしていました。

第7章

地層と私たちの生活

47 東京の地層から温泉がでる!?

温泉は地質条件によって湧出が左右されます。地下から断層や割れ目に沿って温泉水が上昇し、湧出します。周辺では浅所の透水性の地層に流入し滞留します。断層、割れ目、透水性の地層が温泉の位置に影響を与えます。これらの条件は地質構造によって決まり、多くは山間地及びその周辺となります。

これに対し東京の平野部などに多数分布する温泉では、地下深部から揚水される温泉と浅部からの温泉と2種類があります。東京都内や川崎・横浜市内の多くの温泉はこのような、地下の帯水層、すなわち地層水が地熱によって温められた天然温泉です。

日本の地下増温率は、深さ100メートルにつき平均約3℃です。深くなるほど地温が上昇し、帯水層の地下水も温かくなります。温泉の定義は「源泉温度が25℃以上である」「リチウムイオン、水素イオン、ヨウ素イオン、フッ素イオン、重炭酸ソーダなど19の特定の成分が1つ以上規定値に達している」ことです。すなわち「19の条件」のうち1つでもあてはまれば、あるいは源泉温度が25℃以上あれば、「温泉」です。仮に1000メートル掘って湧出した地層水が、25℃以上あれば「温泉」です。

このような平野部の2種類の温泉は「化石水型温泉」といい帯水層は数十万年も地層に滞留した地下水です。地下深部の深層の温泉でも掘削技術が進歩したため東京でも開発されるようになりました。

深層ボーリング（1000メートル以上）で揚

東京の温泉

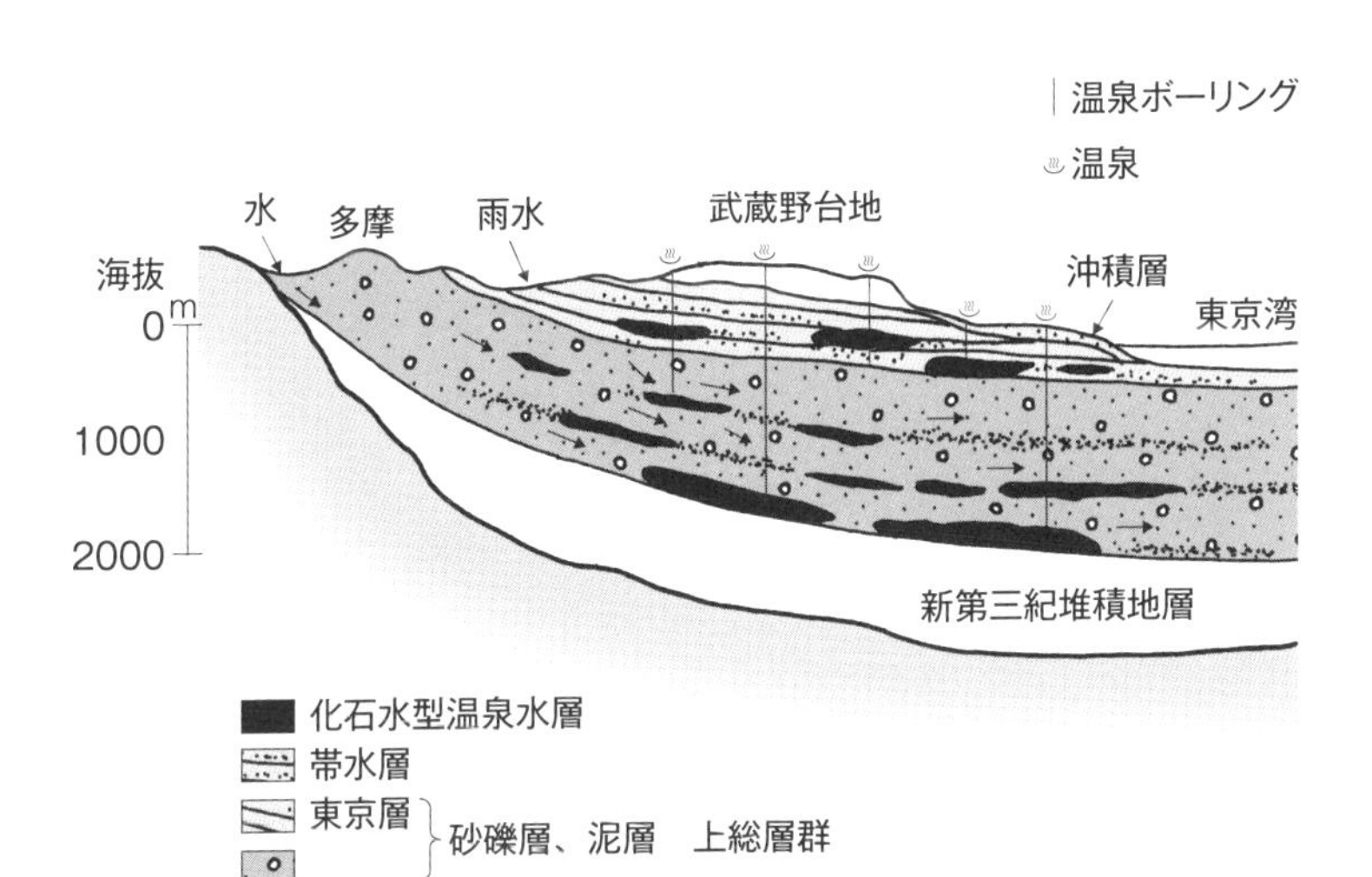

水される温泉は、洪積世（こうせきせい）という200万年前から数万年前の海底で形成された砂礫層や泥層で貝化石が産する上総層群にあり、ナトリウム塩化物・炭酸水素塩泉や強塩泉です。深度1000メートルからは25℃、深度1500メートルからは40℃前後の温泉が湧出します。

浅い温泉は、東京東部の丘陵及び地下に分布する浅層（300メートル以上）からで、砂礫層や泥層で上総層群上位の東京層にあり、大半が炭酸水素塩泉いわゆる重曹泉とナトリウム塩化物泉（食塩泉）です。泉温は15～19℃です。

この地域の基盤岩はその上の上総層群と不整合関係で、両者の境界は鍋底のような形で、地下水が地下深くに染み込んでいき、滞留層のなかに溜まっていきます。このような構造を「地下水盆」といっています。地下水を数十万年にわたり貯留し、地熱で温泉になります。

48 扇状地や関東ローム層は生活の土台

河川が山地から平野に出ると、緩傾斜になり川幅が広くなるため、運ばれてきた礫、砂、泥は平野部で堆積し、山側を頂点として扇状の地形をつくっていきます。扇状地では礫、砂、泥を大量に運んできた水が山地を抜けると急に河川の傾斜が変わるため流れが遅くなり河川が運搬しきれなくなった大きな礫や砂などを堆積し、自然堤防を築いていきます。洪水が起こると自然堤防を超え氾濫し、平野部の低い土地に土砂を運びます。平野部、すなわち扇状地のなかでより低いところを選びながら河川の方向が変わり、全方向に堆積し、扇状地となっていきます。山地の上流部の河川の出口を扇頂、真中を扇央、下流部を扇端部と呼びます。扇頂では礫、砂、泥からなる堆積物は様々な大きさの礫を多く含んでいるため、水の通りがよく、扇状地扇央部では、河川水は地下へ浸み込んで地下水になるため、地上での水量が減少し、水無川となる場合もあります。扇状地の累重した堆積物層とその土台となっている地層との間は、地上からの浸透してきた河川水の通り道で、伏流水となります。地下を流れる伏流水は扇状地の扇端部で湧水として現れます。

扇状地では堆積物が重なり地層を形成します。全体として凹凸のない平らな平野で伏流水からの水の取得が容易であり、扇状地全体にわたって土地が多様に利用されます。利用の仕方は扇頂部、扇央部、扇端部のそれぞれの特徴に応じて、集落、農耕地、

扇状地は生活の土台

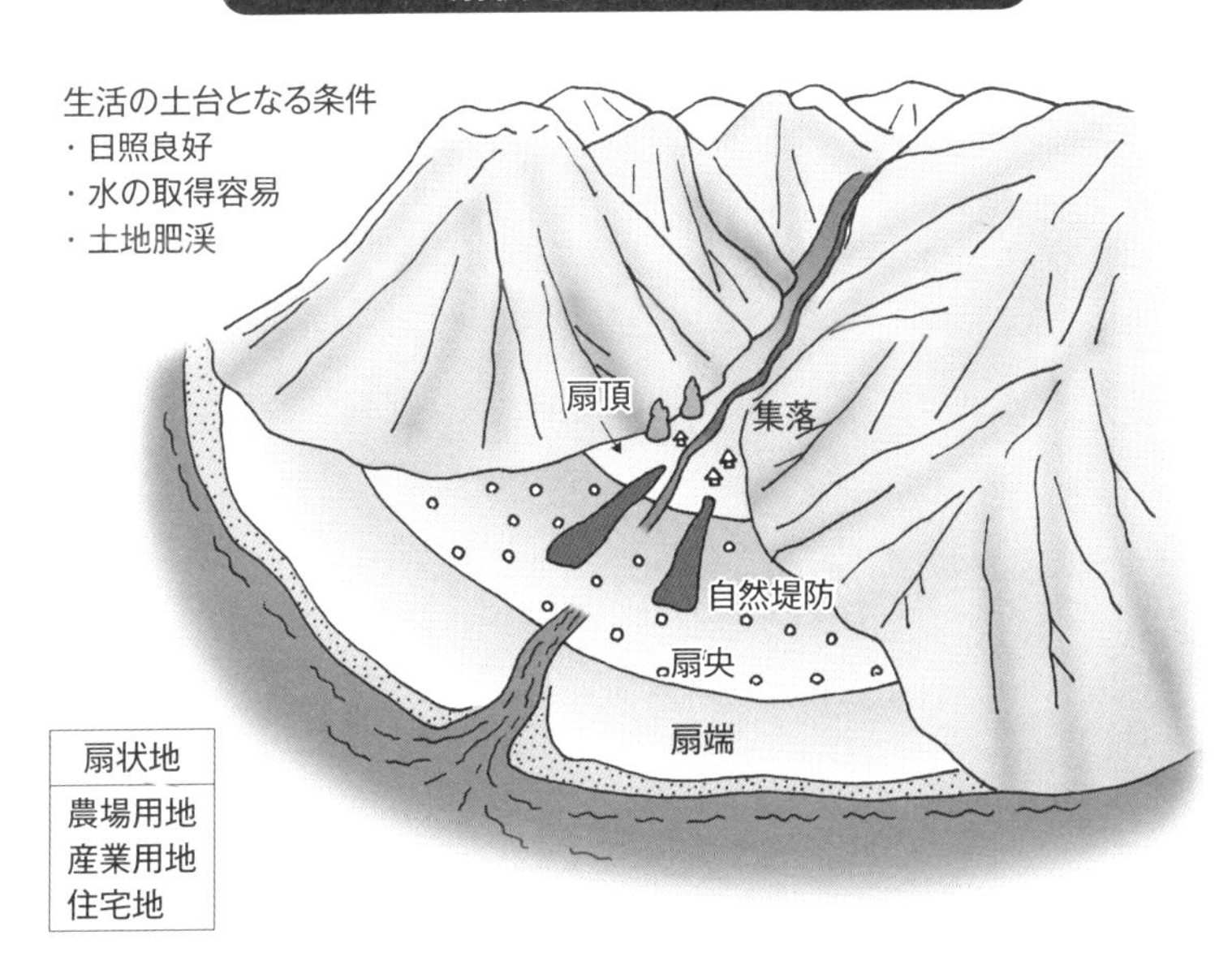

宅地などで、生活の土台となっています。

扇頂部では谷の入り口に集落が形成されます。水は豊富ですが、まだ山地の端のため土地が狭く利用はしやすくありません。扇央部では帯水層からの水圧を利用し、自噴する井戸がつくれます。河川水が伏流しているため、水を十分必要としない果樹や野菜や麦畑などの農業用地になります。最近では上水道や道路の整備により新興住宅地として利用されています。扇端部は伏流水が地上に出てくる湧水帯です。地下に潜って再び外に出てくる湧水があり、また砂泥が堆積しており、保水性がよく、水の取得が容易であり、扇状地の最下部で良質の水が豊富です。古くから集落が発達し、宅地に利用され、街が作られやすい場所となっています。地下水位が浅いため水田に利用されます。

水利や日照が良好で、土壌が肥沃な場所、扇状地の扇端部はそんな場所です。土木構築物も立てられ

扇状地の断面

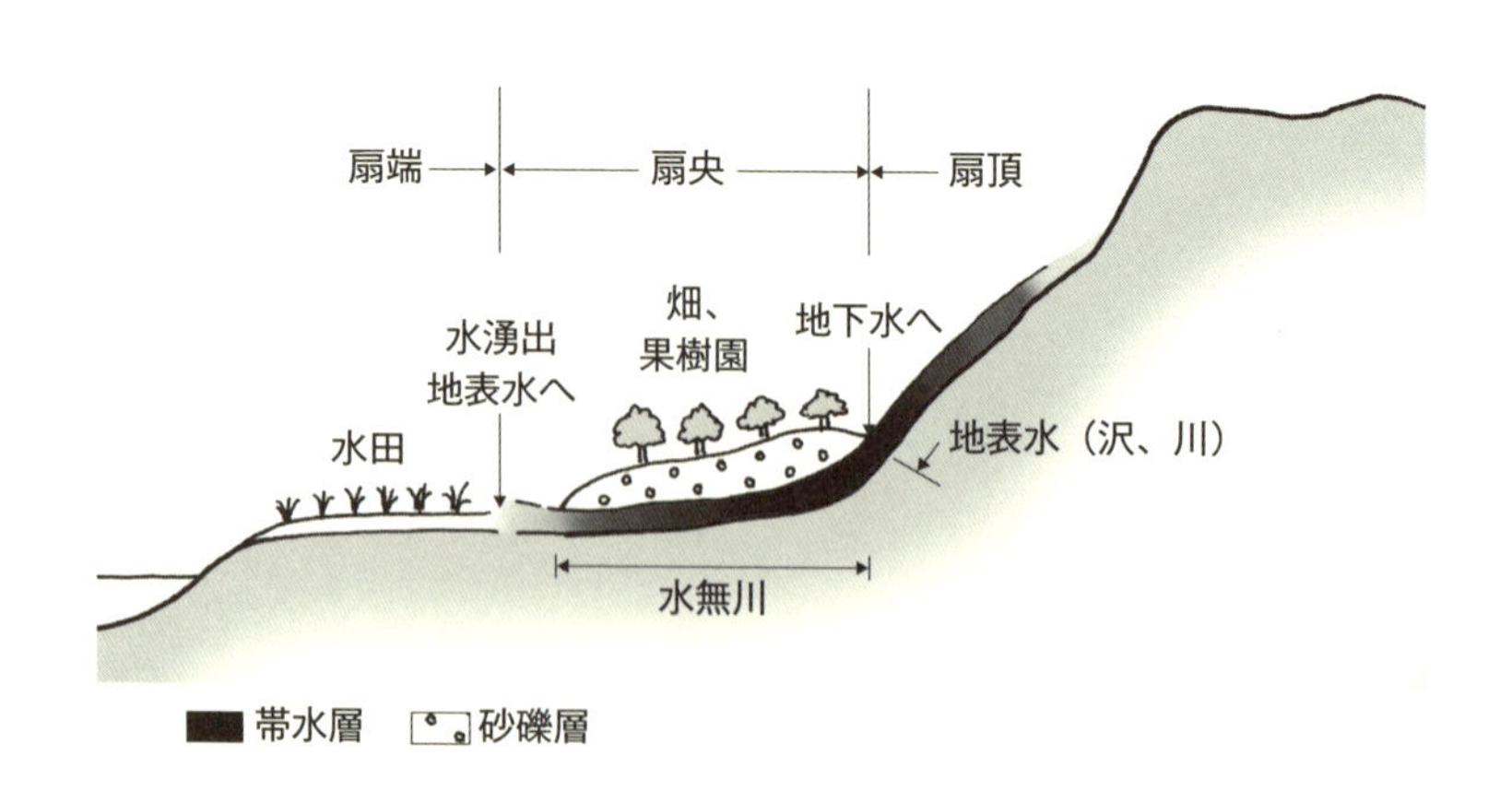

基盤がしっかりしています。

関東平野の中心部が沈降し、周縁部が隆起するという地殻運動を「関東造盆地運動」といいますが、現在の関東平野の周囲の山地が隆起し、礫や砂、泥の土砂が厚く堆積し、さらに隆起により丘陵や台地が形成されました。関東ローム層はこのように形成された丘陵、台地、段丘を覆っています。風で運ばれた富士、箱根、浅間等の火山からの火山灰地層で約1万年前〜40万年前に形成されました。〝赤土〟とも呼ばれ、一部は黒色をして、黒ボク土といわれ、砂と粘土が混ざった土壌です。水が通りやすい性質を持ち、地表面から10メートルから15メートルの厚さは、風化作用をうけやすい粘土質です。平野中央部では、地表下2000メートル以上洪積世の海成の堆積地層が厚く累積しています。

関東ローム層は、前述の生活の場の条件をみたして、大都市を形成し、生活の土台になっています。

49 自然災害の防止は可能なのか？

自然災害は火山噴火、地震、洪水、地すべり、台風、集中豪雨などの自然現象が原因で起こる災害で、私たちの社会的活動に被害を与えます。そして、適切な危機管理がなされなかったりするとさらに被害は、人的被害、経済的被害、環境に対する被害と拡大していきます。

自然災害にかかわる現象を大別すると地質か気象が原因になります。つまり、プレートテクトニクスのダイナミックな活動か、大気の動きの変化にかかわり、様々な規模で自然災害を引き起こします。いずれの災害も地層が関係します。しかし一方で、だれも住んでいないところで起これば「自然災害」にはなりません。人間活動も社会もなければ、自然現象は単なる現象です。

プレートテクトニクスのダイナミックな地球の営みにより、火山噴火、地震が発生します。火山噴火により、地震もともないます。噴出物によって町自体が埋まり、大災害となる場合も記録されています。火山の噴火への対策は、噴火予知ですが、予知に対する精度はなかなか高まりません。観測網のネットワーク化、観測機器の開発、噴火メカニズムの解明、ミュー粒子などの宇宙線を利用した火山内部の透視技術の開発などが必要です。とくに山体を通過する宇宙線による火山内部の透視は、有力な予知技術になりそうですが、まだ基礎研究・試験段階です。過去の大災害ですらまだ十分な調査技術や

自然災害の要因

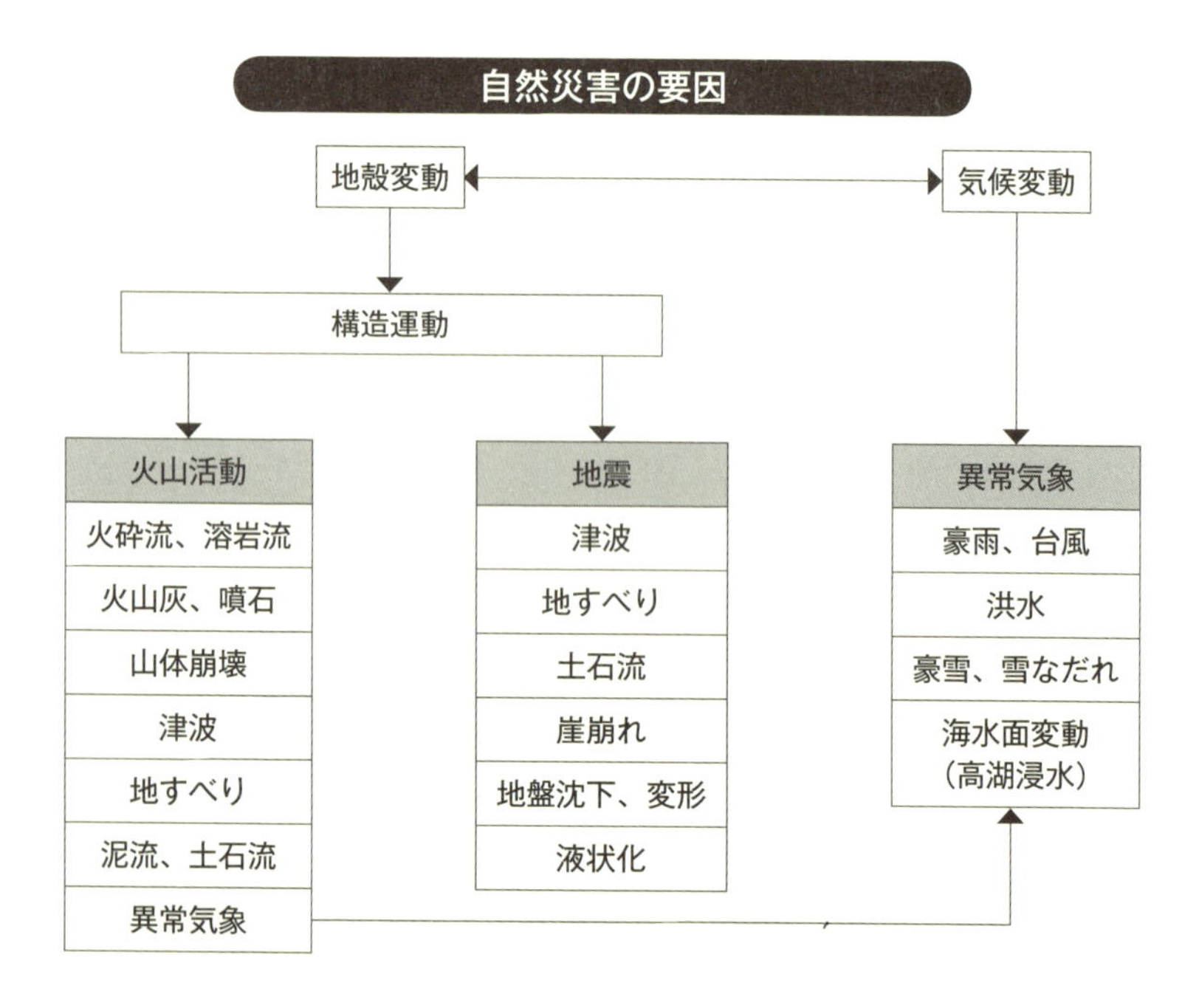

自然災害防止

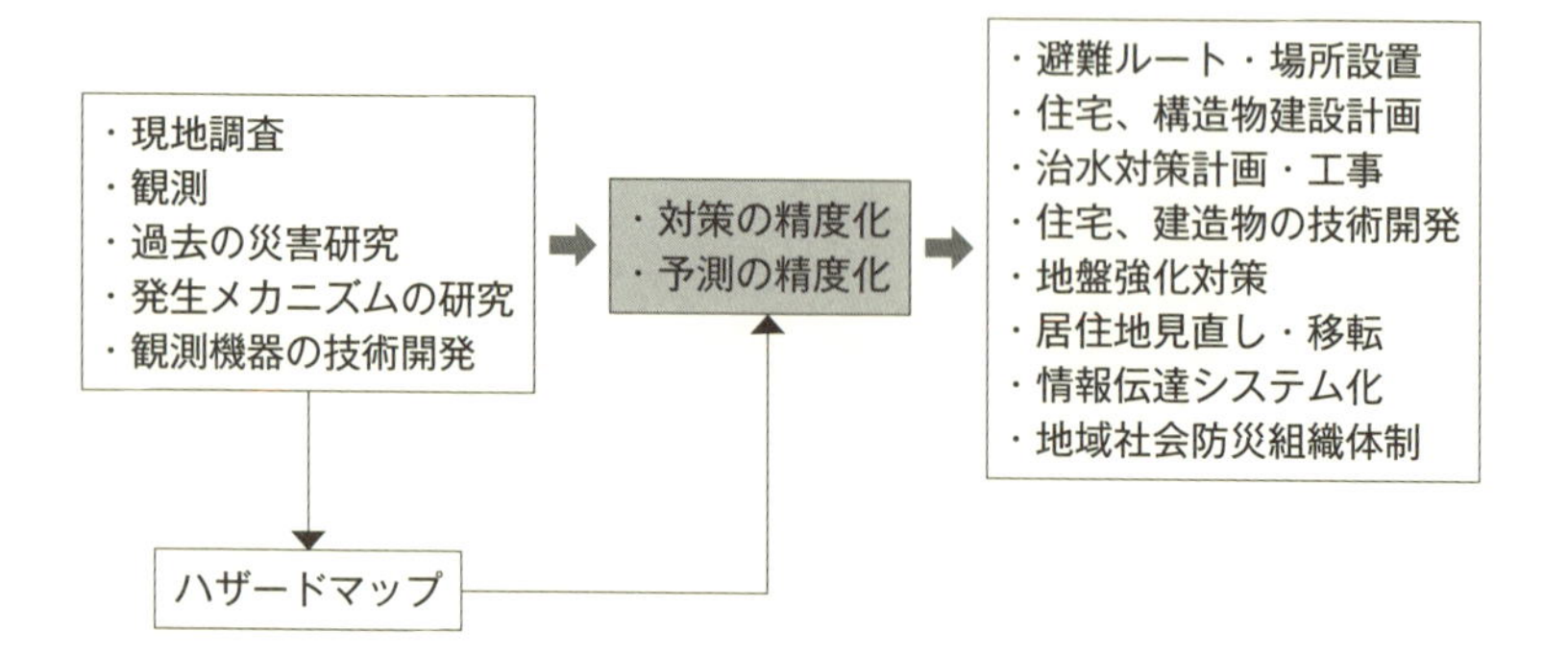

方法もない現状です。自然の脅威に太刀打ちできる力を持てるかどうかは、遠い将来の課題で、まずは不足している火山の専門家の育成が防災のためにも不可欠です。

地震による災害も、火山噴火と同様にいつ、どこで、どのくらいの規模の地震が発生するか、現状では具体的な予知ができる実力はありません。東日本大地震での大災害で、自然災害の恐ろしさを身をもって知ったばかりです。地震のメカニズム、前兆現象の補足などへの精度を上げていく研究が、予知への基礎となり、防災に結びつきます。当面の防災対策は地震危険度評価を行い、危険地域に対するそれぞれの対策を検討し、災害へのリスクを少しでも減らしていくことです。

大気の動きの変化によって豪雨、豪雪、台風などや異常気象が起こりますが、これらと地球の活動との関係は明瞭となっていません。このような気候の変化にともなう現象による災害は、洪水、土砂崩れ、地すべりなどで、発生の予想は困難ですが、災害の発生可能性場所は、調査と観測で特定できそうです。そこに対策を立てれば、被害を食い止めることはできます。集中豪雨や大雨、台風による洪水は、治水管理、堤防、地下水路や地下貯水池の建設などによって被害の防止につなげられます。すでに東京ではこのような対策をとり、洪水による被害は少なくなっています。また、土砂崩れ、地すべりは、危険個所、危険地域、想定される災害規模の評価は可能で、そのためには地層を観察することが基本となります。

地層、岩体は地層をつくる原料で、自然災害をもたらす原因にもなります。風化・削剥されている地層、岩体は、火山噴火でも地震でも脆くなり崩れ、集中豪雨などで土石流となり、地すべりを引き起こし、それぞれの自然災害が相互作用で増幅します。

50 文明の発生と地層の驚くべき関係

石器時代は250万年前に始まったとされ、紀元前1万年までの長い間、身近な地層や岩体を利用し、石器をつくり狩猟・採集生活を営んでいました。農耕の開始は約1万年ほど前、中国の長江流域での稲作だといわれています。

世界の4大文明はエジプト、メソポタミア、インダス、黄河といわれています。石器青銅器時代です。住居に石も使われ、エジプトでは石の種類は石灰岩でした。5500万年前から3800万年前頃に形成された石灰岩層がピラミッドの材料になっており、現在より約4500年前に構築されました。モヘンジョダロは、インダス文明の最大級の都市遺跡です。4500年前から3800年前にかけ繁栄しました。粘土や頁岩層を材料として型に入れ、窯で焼き固めた煉瓦が多く使われていました。

日本の縄文時代は新石器時代に移る頃からですが砂も混ざる堆積物の粘土で縄文土器をつくりました。地層が風化した粘土層の利用です。この頃世界では磨いた石器を主な道具としていました。

メソポタミアは8000年前頃で、エジプトは7000年前頃に黄河文明やインダス文明も9000年前から始まります。エジプト、メソポタミア、インダス、黄河は、いずれも大河のそばで、堤防や灌漑用水がつくられ、これらの文明が発生しましたが、半砂漠です。大河の近くで、肥沃な土地のため、農業が拡大し、集落が形成され村、町、都

文明と土、石の利用

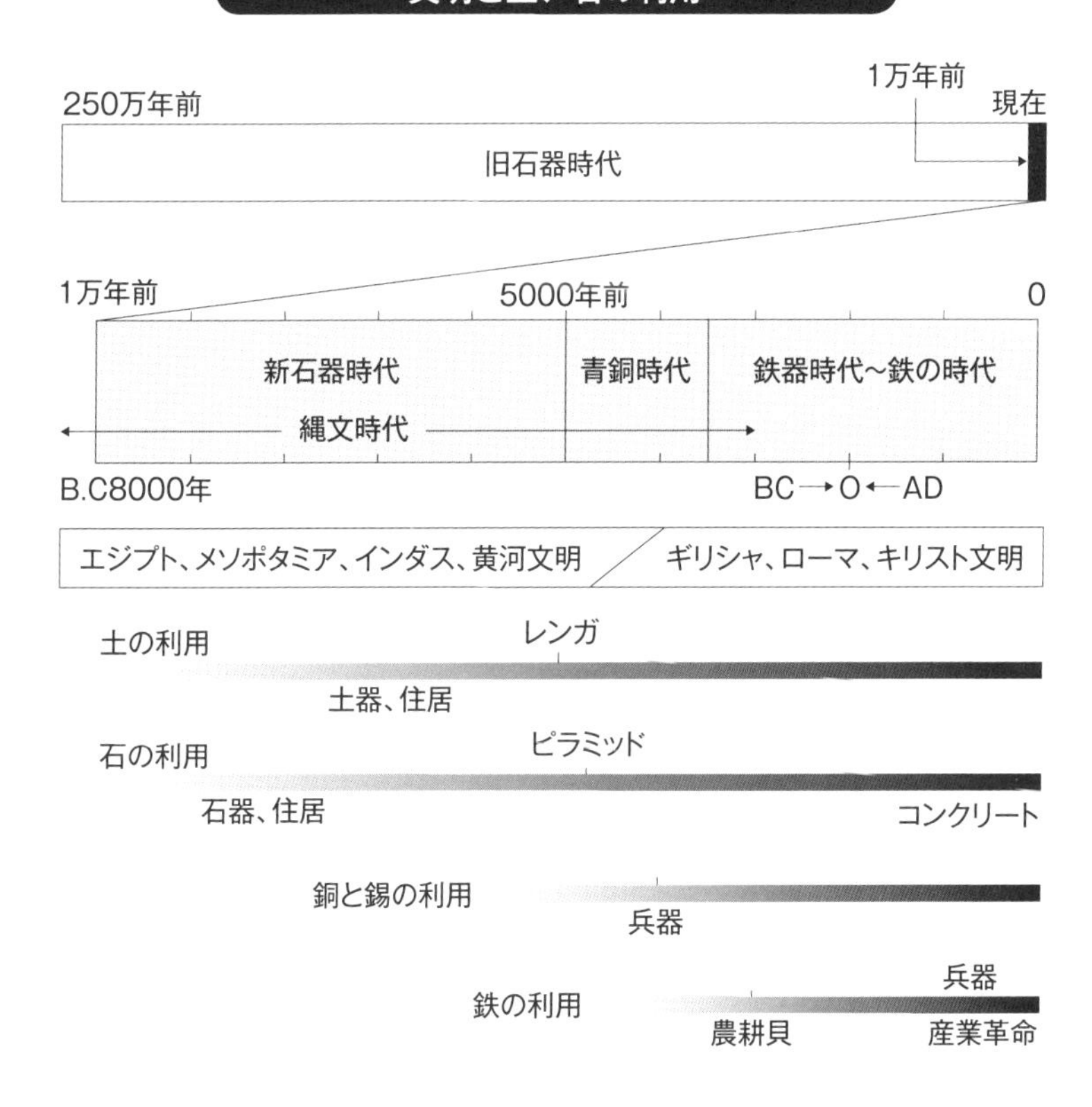

市へと文明が発展していきました。農耕とともに家畜の飼育も始まりました。

石器時代につづいて青銅器時代、鉄器時代の順に発達しました。メソポタミア・エジプトでは5500年前ごろから、ヒッタイトの現れる3500年前後までが青銅器時代です。

モヘンジョダロ遺跡は、1922年堆積物を除去して発見されました。地層は、文明の姿を埋め込んできました。世界4大文明地のように町や都市が発達するところは、水が得やすく、土壌があり、日が当たるところで、地層は文明と深くかかわります。

51 地層が地形をつくり、観光資源にもなる

大地はプレートテクトニクスによって常に動いています。地層は折れたり、曲がったり、シワになったりして山になります。地層は破砕され、浸食され、渓谷となり、断崖をつくります。地層は壊れ、崩落し、削られ、砕かれて、礫、砂、泥になり、水によって海洋に運搬され、再び地層を形成し、沈降し、累積し、運搬され、大陸にぶつかり、マグマが湧き上がり、火山が噴火します。山を吹き飛ばし、噴出物が流れ、飛ばされ、堆積し、累重し、火山灰で覆われます。常に大地は動きながら変貌し、これらの運動を繰り返します。風雨で削られ、雨でとけ、山は低くなり、やがて平らになり、再び浸食が進み、新たな地形をつくります。火山は噴火後、火口が湖になります。このような地球の活動のそれぞれのプロセスを通して、地層はその種類や変化に応じた地形をつくります。地形とは地表の高低や起伏の形です。

地殻変動によって大規模な地形がつくられます。ヒマラヤは世界で最も標高の高い地域で世界一のエベレスト（8848メートル）を含む主として地層からなる大山脈です。ユーラシアプレートに衝突し、潜り込んだインドプレートによってつくられた巨大な地形です。約5000万年かかり今の姿になりました。またスイスのマッターホーン（4478メートル）は、アルプス山脈に属し、地層からなります。2億年前にパンゲア大陸が分裂し始めゴンド

スイスアルプス　片麻岩地層の景観

ワナ大陸のアフリカ部分として残ったアプーリア・プレートが、１億年前にゴンドワナ大陸から分離し、移動し、ヨーロッパ大陸の上に乗っかった構造をつくり氷河で浸食されています。

北アルプスは、太平洋プレートが北アメリカプレートとユーラシアプレートの下に潜り込み、マグマの貫入により地層が隆起し、東西から大きな圧力を受けて、褶曲し急峻な山脈と峡谷をつくりました。世界遺産の富士山（３７７６メートル）は玄武岩質成層火山で日本最高峰としてその優美な姿は日本の象徴となっています。

侵食作用でできたき小規模な地形として海岸地域に奇岩、海食洞、天然橋など、風成地形として砂漠や地域の海岸地域の砂丘、石灰岩が溶食されたカルスト地形など各地に見られます。

地形が見せる風光明媚なダイナミックな景観は、地層と構造運動に関係し、観光資源になります。

Column

世界遺産と地層

富士山が2013年6月、世界文化遺産に登録されました。日本の世界遺産はこれで17件です。「富士山―信仰の対象と芸術の源泉」という登録遺産名です。富士山は日本の象徴として、日本人の山岳信仰や葛飾北斎らの浮世絵の題材になり、文化的意義が評価された結果です。世界自然遺産は、屋久島（鹿児島県)、白神山地（青森・秋田県）のほか、知床（北海道)、小笠原諸島（東京都）の4件が登録されています。文化遺産としては13件目になります。残念ながら自然遺産としての登録ではありません。

世界遺産自然遺産の評価は国際自然保護連合(IUCN)が行います。IUCNは国際的な自然保護団体で国家、政府機関、NGOが会員です。日本は1995年に国家会員となりました。NGOなどの18団体が加盟しています。本部はスイスのグランにあります。

世界遺産の10の登録ポイントのうち、自然遺産は4つの登録ポイントがあります。①自然景観　②地形・地質　③生態系　④生物多様性、です。①は「すぐれた自然美及び美的な重要性をもつ最高の自然現象または地域」です。地層に直接関係するポイントは②で、「地球の歴史上の主要な段階を示す顕著な見本であるものこれには生物の記録、地形の発達における重要な地学的進行過程、重要な地形的特性、自然地理的特性などが含まれる」と「世界遺産条約」に定義されています。日本の自然遺産の登録は知床が③④屋久島が①③です。白神山地、小笠原諸島は③です。②の「地形・地質」にて適用されている世界遺産は日本にはまだありません。②は世界で85件で全世界遺産981件の約9％です。世界での代表的な自然遺産の一つはグランドキャニオン（米国）です。見事な地層景観で地殻の歴史を見せています。北アルプスは自然遺産の②として有望です。

【参考資料】

●『化石』井尻正二１９６８年岩波新書
●『地層のきほん』目代邦康２０１０年４月誠文新光社
●『地層の見方がわかる　フィールド図鑑』青木正博・目代邦康２００８年７月誠文新光社
●『堆積物と堆積岩』保柳康一２００４年４月共立出版
●『地質学の歴史』ガブリエル・ゴオー１９９７年６月みすず書房
●『地球進化46億年の物語』ロバート・ヘイゼン２０１４年５月講談社BLUE BACKS
●『おもしろサイエンス土壌の科学』生源寺真一監修２０１０年10月日刊工業新聞社
●『おもしろサイエンス地下資源の科学』西川有司２０１４年７月日刊工業新聞社
●『トコトンやさしい非在来型化石燃料の本』藤田和男監修２０１３年12月日刊工業新聞社
●『塩の文明誌』佐藤洋一郎・渡邊紹裕２００９年４月学研ＮＨＫブックス
●『森林の崩壊』白井裕子２００９年１月新潮新書
●『自然災害と防災』下鶴大輔・伯野元彦１９９５年８月日本
●『富士山噴火と巨大カルデラ噴火』ニュートン別冊２０１４年12月株式会社ニュートンプレス
●『死都日本』石黒耀２００８年11月講談社文庫
●『津波』河田恵昭２０１０年12月岩波新書
●『世界遺産ガイド―地形・地質編―』２０１４年５月シンクタンクせとうち総合研究機構
●『メアリー・アニングの冒険―恐竜学をひらいた女化石屋』吉川惣司・矢島道子２００３年11月朝日新聞社

●著者略歴

西川 有司（にしかわ ゆうじ）

1975年早稲田大学大学院資源工学修士課程修了。三井金属鉱業（株）に入社。1996年より三井金属資源開発（株）。その後2008～2012年から日本メタル経済研究所主任研究員。資源探査・開発・評価などに従事。

現在 JP RESOURCES（株）社長および米国 USRareEarths Inc. 顧問や EBRD（欧州復興開発銀行）EGP 顧問、国際資源大学校講師、英国マイニングジャーナル特派員。資源探査、開発、堆積構造、堆積学が専門。

著書は、トコトンやさしいレアアースの本（2012）日刊工業新聞社、資源循環革命（2013）ビーケーシー、資源は誰のものか（2014）朝陽会、おもしろサイエンス地下資源の科学（2014）日刊工業新聞社ほか、地質、資源関係論文・記事多数国内、海外で出版

NDC 456

おもしろサイエンス**地層の科学**

2015年3月30日　初版1刷発行　　定価はカバーに表示してあります。

©著　者	西川　有司	
発行者	井水　治博	
発行所	日刊工業新聞社	〒103-8548 東京都中央区日本橋小網町14番1号
	書籍編集部	電話 03-5644-7490
	販売・管理部	電話 03-5644-7410　FAX 03-5644-7400
	URL	http://pub.nikkan.co.jp/
	e-mail	info@media.nikkan.co.jp

印刷・製本　ワイズファクトリー

2015 Printed in Japan　落丁・乱丁本はお取り替えいたします。

ISBN　978-4-526-07397-7